4·2

α 실력

이 책의 구성과 활용 방법

개념의 힘

교과서 개념 정리 ➡ 개념 확인 문제 ➡ 개념 다지기 문제

주제별 입체적인 개념 정리로 교과서의 내용을 한눈에 이해하고 개념 확인하기, 개념 다지기의 문제로 익힙니다.

1 STEP 기본 유형의 힘

주제별 다양한 문제를 풀어 보며 기본 유형을 확실하게 다집니다.

2 STEP 응용 유형의 힘

단원별로 꼭 알아야 하는 응용 유형을 3~4번 반복하여 풀어 보며 완벽하게 마스터 합니다.

3 STEP 서술형의 힘

〈문제 해결력 서술형〉을 단계별로 차근차근 풀어 본 후, 〈바로 쓰는 서술형〉의 풀이 과정을 직접 쓰다 보면 스스로 풀이 과정을 쓰는 힘이 키워집니다.

단원평가

학교에서 수시로 보는 단원평가에서 자주 출제되는 기출문제를 풀어 보면서 단원평가에 대비합니다.

메타인지를 강화하는 수학 일기 코너 수록!

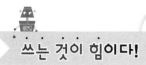

쓰는 것이 힘이다!

1단원 수학일기

수학실력 쑥쑥!

9월	3일	월요일	이름	나 천 재

☆ 1단원에서 배운 내용을 친구들에게 설명하듯이 써 봐요.

1단원에서 배운 내용을 정리해 보았어.

(세 자리 수)×(한 자리 수)의 계산을 예를 들면	(몇)×(몇십몇)의 계산을 예를 들면	(몇십몇)×(몇십몇)의 계산을 예를 들면
$$\begin{array}{r} 3\,5\,2 \\ \times\quad 4 \\ \hline 8 \cdots 2\times4 \\ 2\,0\,0 \cdots 50\times4 \\ 1\,2\,0\,0 \cdots 300\times4 \\ \hline 1\,4\,0\,8 \end{array}$$	$$\begin{array}{r} 5 \\ \times\quad 7\,3 \\ \hline 1\,5 \cdots 5\times3 \\ 3\,5\,0 \cdots 5\times70 \\ \hline 3\,6\,5 \end{array}$$	$$\begin{array}{r} 2\,6 \\ \times\quad 3\,8 \\ \hline 2\,0\,8 \cdots 26\times8 \\ 7\,8\,0 \cdots 26\times30 \\ \hline 9\,8\,8 \end{array}$$
위와 같이 계산하면 돼.	위와 같이 계산하면 돼.	위와 같이 계산하면 돼.

자신이 알고 있는 것을 설명하고 글로 쓸 수 있는 것이 진짜 자신의 지식입니다. 배운 내용을 설명하듯이 써 보면 내가 아는 것과 모르는 것을 정확히 알 수 있습니다.

☆ 1단원에서 배운 내용이 실생활에서 어떻게 쓰이고 있는지 찾아 써 봐요.

피자 한 조각의 열량은 263킬로칼로리 정도 된다고 한다. 내가 피자 2조각을 먹었을 때 열량은 (세 자리 수)×(한 자리 수)를 활용하여 263×2=526(킬로칼로리)임을 계산할 수 있다.

우리 모둠에서 주말에 양로원 봉사 활동을 가는 데 호두과자를 가지고 가기로 했다. 호두 과자를 한 봉지에 15개씩 54봉지 만들어야 해서 (몇십몇)×(몇십몇)을 활용하여 15×54=810(개) 사야 한다는 것을 계산하였다.

배운 수학 개념을 다른 교과나 실생활과 연결하여 수학의 필요성과 활용성을 이해하고 수학에 대한 흥미와 자신감을 기를 수 있습니다.

👧 칭찬 & 격려해 주세요.

곱셈에 대한 내용이 어려웠을텐데 잘 해주어서 대견해~♡

이번 단원에서 배운 곱셈은 실생활에서도 자주 활용되고, 또 앞으로 (세 자리 수)×(두 자리 수)를 배우는 데 기초가 되니까 이해가 잘 되지 않는 부분이 있다면 꼭 기억하고 넘어가자~

학생들이 글로 표현한 것에 대한 칭찬과 격려를 통해 학습에 대한 의욕을 북돋아 줍니다.

이 책의 차례

CONTENTS

2STEP 응용 유형의 충전 수준을 체크해 보세요. 내 실력이 한눈에 보인답니다.

1 분수의 덧셈과 뺄셈

교과서 개념 카툰

개념 카툰 ① 진분수의 덧셈

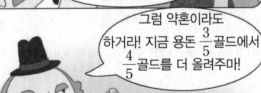

$$\frac{3}{5}+\frac{4}{5}=\frac{3+4}{5}$$
$$=\frac{7}{5}=1\frac{2}{5}$$

개념 카툰 ② 대분수의 덧셈

$$1\frac{4}{5}+2\frac{2}{5}=4\frac{1}{5}$$

<table>
<tr><td>이미 배운 내용</td><td>이번에 배우는 내용</td><td>앞으로 배울 내용</td></tr>
</table>

이미 배운 내용

[3-1] 6. 분수와 소수

[3-2] 4. 분수

이번에 배우는 내용

✔ 분모가 같은 진분수와 대분수의 덧셈

✔ (자연수)−(분수)

✔ 분모가 같은 진분수와 대분수의 뺄셈

앞으로 배울 내용

[4-2] 3. 소수의 덧셈과 뺄셈

[5-1] 5. 분수의 덧셈과 뺄셈

개념 카툰 ③ 자연수와 분수의 뺄셈

개념 카툰 ④ 대분수의 뺄셈

개념의 힘

개념 1 분수의 덧셈을 해 볼까요(1) → 진분수의 덧셈

1. 분수의 합이 진분수인 덧셈

예 $\dfrac{2}{6}+\dfrac{3}{6}$의 계산

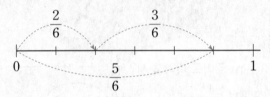

$\dfrac{2}{6}$는 $\dfrac{1}{6}$이 2개, $\dfrac{3}{6}$은 $\dfrac{1}{6}$이 3개이므로

$\dfrac{2}{6}+\dfrac{3}{6}$은 $\dfrac{1}{6}$이 5개입니다.

(1) 수직선에 나타내어 알아보기

(2) 계산 방법 알아보기

$$\dfrac{2}{6}+\dfrac{3}{6}=\dfrac{2+3}{6}=\dfrac{5}{6}$$

> 분모는 그대로 두고 분자끼리 더합니다.

2. 분수의 합이 대분수인 덧셈

예 $\dfrac{3}{4}+\dfrac{2}{4}$의 계산

> $\dfrac{3}{4}+\dfrac{2}{4}$의 계산 결과는 $1\left(=\dfrac{4}{4}\right)$보다 커져.

(1) 수직선에 나타내어 알아보기

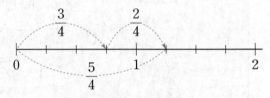

(2) 계산 방법 알아보기

$$\dfrac{3}{4}+\dfrac{2}{4}=\dfrac{3+2}{4}=\dfrac{5}{4}=1\dfrac{1}{4}$$

> 분모는 그대로 두고 분자끼리 더한 다음 가분수이면 대분수로 바꿉니다.

개념 확인하기

1 그림을 보고 □ 안에 알맞은 수를 써넣으세요.

$\dfrac{2}{5}+\dfrac{1}{5}=\boxed{}$

2 □ 안에 알맞은 수를 써넣으세요.

$\dfrac{3}{8}$은 $\dfrac{1}{8}$이 □개, $\dfrac{2}{8}$는 $\dfrac{1}{8}$이 □개이므로

$\dfrac{3}{8}+\dfrac{2}{8}$는 $\dfrac{1}{8}$이 □개입니다.

→ $\dfrac{3}{8}+\dfrac{2}{8}=\boxed{}$

3 $\dfrac{4}{7}+\dfrac{6}{7}$을 그림에 표시하고 계산하는 방법을 알아보세요.

(1) 그림에 0부터 $\dfrac{4}{7}$만큼 색칠하고 이어서 $\dfrac{6}{7}$만큼 색칠해 보세요.

(2) □ 안에 알맞은 수를 써넣으세요.

$\dfrac{4}{7}+\dfrac{6}{7}=\dfrac{4+\boxed{}}{7}=\dfrac{\boxed{}}{7}=\boxed{}\dfrac{\boxed{}}{7}$

개념 다지기

1 수직선을 보고 $\frac{7}{8} + \frac{3}{8}$ 이 얼마인지 알아보세요.

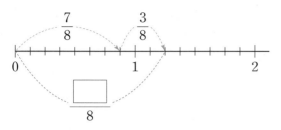

$$\frac{7}{8} + \frac{3}{8} = \frac{\square + \square}{8}$$

$$= \frac{\square}{8} = \square\frac{\square}{8}$$

2 계산해 보세요.

(1) $\frac{3}{9} + \frac{5}{9}$

(2) $\frac{4}{7} + \frac{5}{7}$

3 빈칸에 알맞은 수를 써넣으세요.

(1)
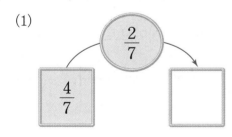

(2)
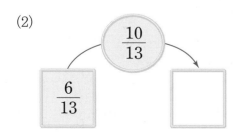

4 예진이가 말하고 있는 수보다 $\frac{5}{12}$ 큰 수는 얼마일까요?

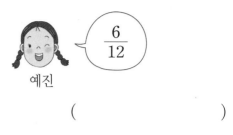

예진

(　　　　　)

5 □ 안에 알맞은 대분수를 구하세요.

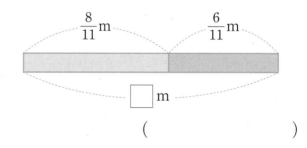

(　　　　　)

6 바구니에 호두가 $\frac{3}{4}$ kg, 땅콩이 $\frac{3}{4}$ kg 있습니다. 바구니에 있는 호두와 땅콩은 모두 몇 kg일까요?

식 _____

답 _____

개념 2 분수의 뺄셈을 해 볼까요(1)

1. (진분수)−(진분수)

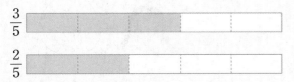

(예) $\dfrac{3}{5} - \dfrac{2}{5}$ 의 계산

(1) $\dfrac{3}{5}$은 $\dfrac{1}{5}$이 3개,

$\dfrac{2}{5}$는 $\dfrac{1}{5}$이 2개이므로

$\dfrac{3}{5} - \dfrac{2}{5}$는 $\dfrac{1}{5}$이 1개입니다.

(2) 계산 방법 알아보기

분자끼리 빼기

$$\dfrac{3}{5} - \dfrac{2}{5} = \dfrac{3-2}{5} = \dfrac{1}{5}$$

분모는 그대로 쓰기

> 분모는 그대로 두고 분자끼리 뺍니다.

2. 1−(진분수)

(예) $1 - \dfrac{2}{6}$ 의 계산

> 사각형을 1로 보고 똑같이 6으로 나눈 것 중에 $\dfrac{2}{6}$만큼 ×표를 했어!

(1) 수직선에 나타내어 알아보기

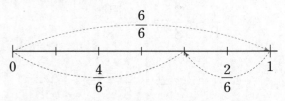

(2) 계산 방법 알아보기

분자끼리 빼기

$$1 - \dfrac{2}{6} = \dfrac{6}{6} - \dfrac{2}{6} = \dfrac{6-2}{6} = \dfrac{4}{6}$$

1을 분모가 6인 분수로 고치기

> 1−(진분수)에서 1을 진분수와 분모가 같은 분수로 고쳐서 계산합니다.

개념 확인하기

1 그림을 이용하여 $\dfrac{5}{8} - \dfrac{2}{8}$가 얼마인지 알아보세요.

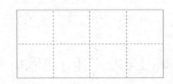

(1) 그림에 $\dfrac{5}{8}$만큼 색칠하고 $\dfrac{2}{8}$만큼 ×표 해 보세요.

(2) □ 안에 알맞은 수를 써넣으세요.

$$\dfrac{5}{8} - \dfrac{2}{8} = \dfrac{5-\boxed{}}{8} = \dfrac{\boxed{}}{8}$$

2 □ 안에 알맞은 수를 써넣으세요.

(1) 1은 $\dfrac{\boxed{}}{7}$이므로 $\dfrac{1}{7}$이 $\boxed{}$개,

$\dfrac{3}{7}$은 $\dfrac{1}{7}$이 $\boxed{}$개이므로

$1 - \dfrac{3}{7}$은 $\dfrac{1}{7}$이 $\boxed{}$개입니다.

(2) $1 - \dfrac{3}{7} = \dfrac{7}{7} - \dfrac{\boxed{}}{7}$

$$= \dfrac{\boxed{} - \boxed{}}{7} = \dfrac{\boxed{}}{7}$$

개념 다지기 ▶

1 수직선을 보고 □ 안에 알맞은 수를 써넣으세요.

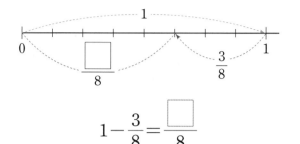

$$1 - \frac{3}{8} = \frac{\square}{8}$$

2 □ 안에 알맞은 수를 써넣으세요.

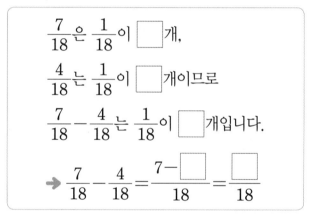

$\dfrac{7}{18}$ 은 $\dfrac{1}{18}$ 이 □ 개,

$\dfrac{4}{18}$ 는 $\dfrac{1}{18}$ 이 □ 개이므로

$\dfrac{7}{18} - \dfrac{4}{18}$ 는 $\dfrac{1}{18}$ 이 □ 개입니다.

➡ $\dfrac{7}{18} - \dfrac{4}{18} = \dfrac{7-\square}{18} = \dfrac{\square}{18}$

3 보기 와 같이 계산해 보세요.

보기
$$1 - \frac{2}{8} = \frac{8}{8} - \frac{2}{8} = \frac{8-2}{8} = \frac{6}{8}$$

$1 - \dfrac{4}{12} = $ _____

4 두 수의 차를 구하세요.

| $\dfrac{4}{15}$ | $\dfrac{13}{15}$ |

(   )

5 빈칸에 알맞은 수를 써넣으세요.

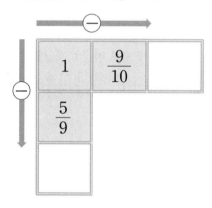

6 지은이는 철사 $\dfrac{7}{10}$ m 중에서 $\dfrac{4}{10}$ m를 사용하여 별 모양을 만들었습니다. 남은 철사의 길이는 몇 m일까요?

식

답

개념 3 분수의 덧셈을 해 볼까요 (2) → 대분수의 덧셈

1. 받아올림이 없는 대분수의 덧셈

(예) $1\dfrac{1}{4}+1\dfrac{2}{4}$의 계산

(1) 그림으로 알아보기

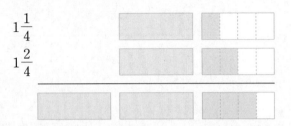

$1\dfrac{1}{4}$

$1\dfrac{2}{4}$

$$1\dfrac{1}{4}+1\dfrac{2}{4}=\boxed{(1+1)}+\boxed{\left(\dfrac{1}{4}+\dfrac{2}{4}\right)}$$

자연수 부분끼리, 진분수 부분끼리 더하기

$$=2+\dfrac{3}{4}=2\dfrac{3}{4}$$

자연수와 분수의 합으로 나타내기

가분수로 바꾸어 계산할 수도 있어.

$$1\dfrac{1}{4}+1\dfrac{2}{4}=\dfrac{5}{4}+\dfrac{6}{4}=\dfrac{11}{4}=2\dfrac{3}{4}$$

2. 받아올림이 있는 대분수의 덧셈

(예) $1\dfrac{3}{6}+1\dfrac{5}{6}$의 계산

방법 1 자연수 부분과 진분수 부분으로 나누어서 계산하기

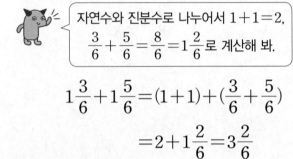
자연수와 진분수로 나누어서 $1+1=2$, $\dfrac{3}{6}+\dfrac{5}{6}=\dfrac{8}{6}=1\dfrac{2}{6}$로 계산해 봐.

$$1\dfrac{3}{6}+1\dfrac{5}{6}=(1+1)+\left(\dfrac{3}{6}+\dfrac{5}{6}\right)$$

$$=2+1\dfrac{2}{6}=3\dfrac{2}{6}$$

방법 2 가분수로 바꾸어 분자 부분만 더해서 계산하기

$$1\dfrac{3}{6}+1\dfrac{5}{6}=\dfrac{9}{6}+\dfrac{11}{6}=\dfrac{20}{6}=3\dfrac{2}{6}$$

개념 확인하기

1 그림을 이용하여 $2\dfrac{3}{5}+1\dfrac{1}{5}$을 어떻게 계산하는지 알아보세요.

(1) 그림에 알맞게 색칠해 보세요.

$2\dfrac{3}{5}$

$1\dfrac{1}{5}$

(2) □ 안에 알맞은 수를 써넣으세요.

$$2\dfrac{3}{5}+1\dfrac{1}{5}=(2+\boxed{})+\left(\dfrac{\boxed{}}{5}+\dfrac{1}{5}\right)$$

$$=\boxed{}+\dfrac{\boxed{}}{5}=\boxed{}\dfrac{\boxed{}}{5}$$

2 그림을 보고 $1\dfrac{2}{4}+2\dfrac{3}{4}$을 계산하려고 합니다.

□ 안에 알맞은 수를 써넣으세요.

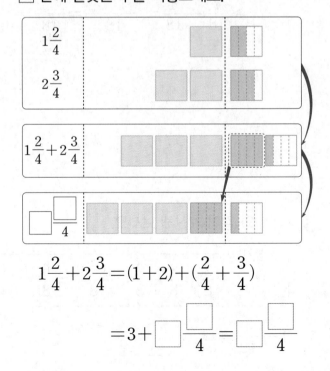

$$1\dfrac{2}{4}+2\dfrac{3}{4}=(1+2)+\left(\dfrac{2}{4}+\dfrac{3}{4}\right)$$

$$=3+\boxed{}\dfrac{\boxed{}}{4}=\boxed{}\dfrac{\boxed{}}{4}$$

개념 다지기

1 수직선을 보고 $1\dfrac{4}{9}+\dfrac{7}{9}$ 은 얼마인지 알아보세요.

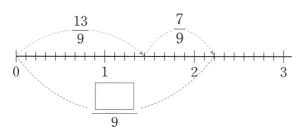

$$1\dfrac{4}{9}+\dfrac{7}{9}=\dfrac{\boxed{}}{9}+\dfrac{\boxed{}}{9}$$

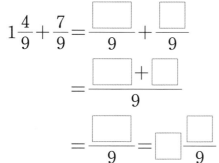

$$=\dfrac{\boxed{}+\boxed{}}{9}$$

$$=\dfrac{\boxed{}}{9}=\boxed{}\dfrac{\boxed{}}{9}$$

2 계산해 보세요.

(1) $3\dfrac{1}{8}+2\dfrac{5}{8}$

(2) $2\dfrac{7}{10}+3\dfrac{6}{10}$

3 대분수를 가분수로 바꾸어 계산해 보세요.

$$1\dfrac{6}{7}+3\dfrac{2}{7}=$$ _____

4 빈칸에 알맞은 수를 써넣으세요.

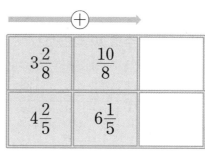

$3\dfrac{2}{8}$	$\dfrac{10}{8}$	
$4\dfrac{2}{5}$	$6\dfrac{1}{5}$	

5 가장 큰 수와 가장 작은 수의 합을 구하세요.

$$1\dfrac{3}{6} \qquad 4 \qquad 4\dfrac{1}{6}$$

(   )

6 무게가 $4\dfrac{4}{5}$ kg인 코알라와 $2\dfrac{2}{5}$ kg인 고슴도치가 있습니다. 코알라와 고슴도치의 무게의 합은 몇 kg일까요?

식

답

1 STEP 기본 유형의 힘

유형 1 진분수의 덧셈

□ 안에 알맞은 수를 써넣으세요.

$$\frac{1}{7} + \frac{5}{7} = \frac{\boxed{}}{7}$$

유형 코칭

- $\frac{2}{12} + \frac{3}{12}$의 계산

  분자끼리 더합니다.

  $$\frac{2}{12} + \frac{3}{12} = \frac{5}{12}$$

  분모는 그대로 씁니다.

- $\frac{3}{5} + \frac{4}{5}$의 계산

  분자끼리 더합니다.

  $$\frac{3}{5} + \frac{4}{5} = \frac{7}{5} = 1\frac{2}{5}$$

  가분수는 대분수로 고칩니다.

1 그림을 이용하여 $\frac{5}{6} + \frac{3}{6}$을 어떻게 계산하는지 알아보세요.

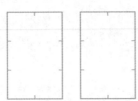

(1) 그림에 $\frac{5}{6}$만큼 색칠하고 이어서 $\frac{3}{6}$만큼 색칠해 보세요.

(2) □ 안에 알맞은 수를 써넣으세요.

$$\frac{5}{6} + \frac{3}{6} = \frac{5 + \boxed{}}{6}$$
$$= \frac{\boxed{}}{6} = \boxed{}\frac{\boxed{}}{6}$$

2 계산해 보세요.

(1) $\frac{7}{15} + \frac{2}{15}$ (2) $\frac{4}{9} + \frac{6}{9}$

3 수직선을 보고 □ 안에 알맞은 수를 써넣으세요.

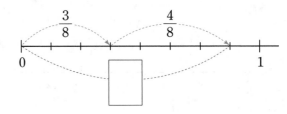

융합형

4 계산에서 <u>잘못된</u> 부분을 찾아 바르게 계산해 보세요.

> ✎ 1. 분수의 덧셈을 하세요.
>
> $$\frac{10}{14} + \frac{9}{14} = \frac{10+9}{14} = 1\frac{9}{14}$$

$$\frac{10}{14} + \frac{9}{14} = \underline{\hspace{5cm}}$$

5 서준이는 우유를 오전에 $\frac{2}{13}$ L 마시고, 오후에 $\frac{5}{13}$ L 마셨습니다. 서준이가 오전과 오후에 마신 우유는 모두 몇 L일까요?

식 _____

답 _____

유형 2 진분수의 뺄셈

□ 안에 알맞은 수를 써넣으세요.

$$\frac{6}{8} - \frac{3}{8} = \frac{\square}{8}$$

유형 코칭

• $\frac{4}{5} - \frac{2}{5}$ 의 계산

분자끼리 뺍니다.

$$\frac{4}{5} - \frac{2}{5} = \frac{4-2}{5} = \frac{2}{5}$$

분모는 그대로 씁니다.

6 수직선을 보고 □ 안에 알맞은 수를 써넣으세요.

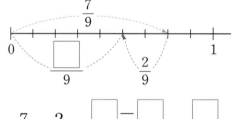

$$\frac{7}{9} - \frac{2}{9} = \frac{\square - \square}{9} = \frac{\square}{9}$$

7 □ 안에 알맞은 수를 써넣으세요.

$\frac{5}{6}$ 는 $\frac{1}{6}$ 이 □ 개, $\frac{2}{6}$ 는 $\frac{1}{6}$ 이 □ 개이므로

$\frac{5}{6} - \frac{2}{6}$ 는 $\frac{1}{6}$ 이 □ 개입니다.

➡ $\frac{5}{6} - \frac{2}{6} = \frac{\square}{6}$

8 계산해 보세요.

(1) $\frac{4}{15} - \frac{1}{15}$ (2) $\frac{7}{19} - \frac{5}{19}$

9 빈칸에 알맞은 수를 써넣으세요.

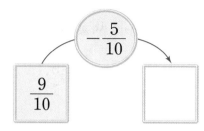

10 두 수의 차를 구하세요.

$\frac{11}{12}$	$\frac{7}{12}$

(   )

11 계산 결과의 크기를 비교하여 ○ 안에 >, =, <를 알맞게 써넣으세요.

$$\frac{10}{20} - \frac{6}{20} \bigcirc \frac{8}{20} - \frac{3}{20}$$

12 색 테이프가 $\frac{6}{7}$ m 있습니다. 그중에서 $\frac{3}{7}$ m를 사용했다면 남은 색 테이프는 몇 m일까요?

식 _____

답 _____

유형 **3** 1−(진분수)

☐ 안에 알맞은 수를 써넣으세요.

$$1 - \frac{5}{7} = \frac{\boxed{}}{7} - \frac{5}{7}$$

$$= \frac{\boxed{} - 5}{7} = \frac{\boxed{}}{7}$$

유형 코칭

· $1 - \frac{2}{4}$ 의 계산

분자끼리 뺍니다.

$$1 - \frac{2}{4} = \frac{4}{4} - \frac{2}{4} = \frac{4-2}{4} = \frac{2}{4}$$

1은 분모가 4인
분수로 고칩니다.

13 그림을 보고 ☐ 안에 알맞은 수를 써넣으세요.

$$1 - \frac{4}{8} = \frac{\boxed{}}{8} - \frac{4}{8} = \frac{\boxed{}}{8}$$

14 ㉠, ㉡, ㉢에 알맞은 수를 각각 구하세요.

· 1은 $\frac{1}{5}$ 이 ㉠ 개

· $\frac{3}{5}$ 은 $\frac{1}{5}$ 이 ㉡ 개

➡ $1 - \frac{3}{5}$ 은 $\frac{1}{5}$ 이 ㉢ 개

㉠ (   ), ㉡ (   ), ㉢ (   )

15 빈칸에 알맞은 수를 써넣으세요.

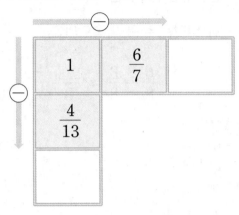

16 다음이 나타내는 수를 구하세요.

1보다 $\frac{9}{14}$ 작은 수

(   )

창의·융합

17 지욱이와 예진이가 두 수를 모아 1 만들기 놀이를 하고 있습니다. 지욱이가 카드를 먼저 뽑았다면 예진이는 다음 수 카드 중에서 무엇을 뽑아야 할까요?

(   )

유형 4 대분수의 덧셈

□ 안에 알맞은 수를 써넣으세요.

$$2\frac{5}{7}+2\frac{3}{7}=4+\frac{\square}{7}=\square\frac{\square}{7}$$

유형 코칭

· $1\frac{1}{4}+2\frac{2}{4}$의 계산

$1\frac{1}{4}+2\frac{2}{4}$

$=\frac{5}{4}+\frac{10}{4}$

$=\frac{15}{4}$

$=3\frac{3}{4}$

· $3\frac{4}{5}+3\frac{3}{5}$의 계산

$3\frac{4}{5}+3\frac{3}{5}$

$=(3+3)+(\frac{4}{5}+\frac{3}{5})$

$=6+1\frac{2}{5}$

$=7\frac{2}{5}$

18 수직선을 보고 $1\frac{5}{7}+\frac{4}{7}$는 얼마인지 알아보세요.

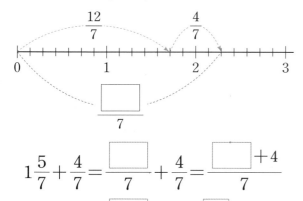

$$1\frac{5}{7}+\frac{4}{7}=\frac{\square}{7}+\frac{4}{7}=\frac{\square+4}{7}$$

$$=\frac{\square}{7}=\square\frac{\square}{7}$$

19 계산해 보세요.

(1) $5\frac{1}{8}+3\frac{5}{8}$

(2) $3\frac{4}{11}+3\frac{9}{11}$

20 두 색 테이프의 길이의 합은 몇 cm일까요?

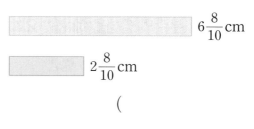

($6\frac{8}{10}$ cm)

($2\frac{8}{10}$ cm)

(   )

21 빈칸에 알맞은 수를 써넣으세요.

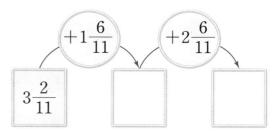

22 물통에 물을 준이는 $2\frac{2}{5}$ L 담았고, 수정이는 $2\frac{1}{5}$ L 담았습니다. 준이와 수정이가 물통에 담은 물은 모두 몇 L일까요?

식

답

개념의 힘

개념 4 분수의 뺄셈을 해 볼까요(2)

1. 받아내림이 없는 대분수의 뺄셈

예 $3\frac{3}{4}-2\frac{2}{4}$ 의 계산

방법 1 자연수 부분과 진분수 부분으로 나누어 계산하기

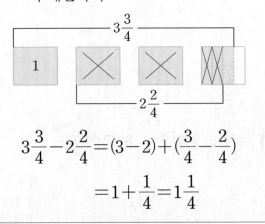

$$3\frac{3}{4}-2\frac{2}{4}=(3-2)+\left(\frac{3}{4}-\frac{2}{4}\right)$$
$$=1+\frac{1}{4}=1\frac{1}{4}$$

자연수 부분끼리 빼고, 분수 부분끼리 뺀 결과를 더합니다.

방법 2 가분수로 바꾸어 분자끼리 빼서 계산하기

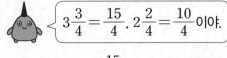
$3\frac{3}{4}=\frac{15}{4}$, $2\frac{2}{4}=\frac{10}{4}$ 이야.

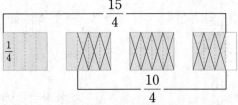

$3\frac{3}{4}(=\frac{15}{4})$ 만큼 색칠되어 있는 그림에 $2\frac{2}{4}(=\frac{10}{4})$ 만큼 ×표를 했어.

$$3\frac{3}{4}-2\frac{2}{4}=\frac{15}{4}-\frac{10}{4}=\frac{5}{4}=1\frac{1}{4}$$

대분수를 가분수로 바꾸어 분자끼리 계산합니다.

개념 확인하기

1 그림을 이용하여 $3\frac{4}{5}-1\frac{2}{5}$ 를 어떻게 계산하는지 알아보세요.

(1) 그림에 $3\frac{4}{5}$ 만큼 색칠하고, $1\frac{2}{5}$ 만큼 ×표 하세요.

(2) □ 안에 알맞은 수를 써넣으세요.

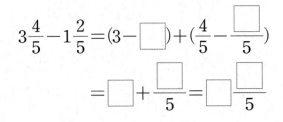

$$3\frac{4}{5}-1\frac{2}{5}=(3-\square)+\left(\frac{4}{5}-\frac{\square}{5}\right)$$
$$=\square+\frac{\square}{5}=\square\frac{\square}{5}$$

2 수직선을 보고 $2\frac{2}{3}-1\frac{1}{3}$ 이 얼마인지 알아보세요.

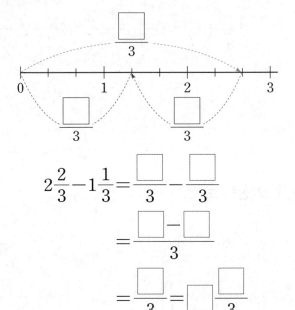

$$2\frac{2}{3}-1\frac{1}{3}=\frac{\square}{3}-\frac{\square}{3}$$
$$=\frac{\square-\square}{3}$$
$$=\frac{\square}{3}=\square\frac{\square}{3}$$

개념 다지기 ▶

1 그림을 보고 □ 안에 알맞은 수를 써넣으세요.

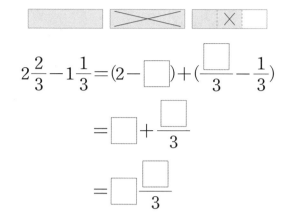

$$2\frac{2}{3}-1\frac{1}{3}=(2-\boxed{})+(\frac{\boxed{}}{3}-\frac{1}{3})$$

$$=\boxed{}+\frac{\boxed{}}{3}$$

$$=\boxed{}\frac{\boxed{}}{3}$$

2 계산해 보세요.

(1) $2\frac{3}{5}-1\frac{1}{5}$

(2) $5\frac{7}{9}-2\frac{3}{9}$

3 두 수의 차를 구하세요.

$$5\frac{6}{13} \qquad 2\frac{3}{13}$$

( )

4 대분수를 가분수로 바꾸어 계산하세요.

$$2\frac{4}{5}-1\frac{3}{5}=\underline{\hspace{4cm}}$$

5 빈칸에 알맞은 수를 써넣으세요.

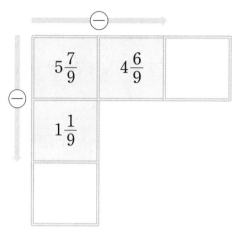

6 어림한 결과가 1과 2 사이인 뺄셈식에 ○표 하세요.

| $\frac{21}{7}-1\frac{3}{7}$ | $3\frac{4}{5}-3\frac{2}{5}$ |

( ) ( )

7 민정이네 집에 찹쌀이 $8\frac{9}{14}$ kg 있었습니다. 그중에서 $4\frac{5}{14}$ kg을 먹었습니다. 남은 찹쌀은 몇 kg일까요?

식 _____

답 _____

1
단원

분수의 덧셈과 뺄셈

개념 5 분수의 뺄셈을 해 볼까요 (3) → (자연수)−(분수)

1. (자연수)−(진분수)

예 $2-\dfrac{3}{4}$ 의 계산

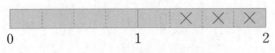

0   1   2

자연수에서 1만큼을 $\dfrac{4}{4}$로 바꾸어 계산해 봐!

$$2-\dfrac{3}{4}=1\dfrac{4}{4}-\dfrac{3}{4}$$
$$=1\dfrac{1}{4}$$

☑ 참고 자연수에서 1만큼을 가분수로 만들기

예 $3=2\dfrac{2}{2}=2\dfrac{3}{3}=2\dfrac{4}{4}=\cdots\cdots$

2. (자연수)−(대분수)

예 $3-1\dfrac{1}{3}$ 의 계산

방법 1 자연수 부분끼리, 분수 부분끼리 뺄셈을 합니다.

$$3-1\dfrac{1}{3}=2\dfrac{3}{3}-1\dfrac{1}{3}$$

자연수에서 1만큼을 가분수로 바꾸기

$$=(2-1)+\left(\dfrac{3}{3}-\dfrac{1}{3}\right)$$
$$=1+\dfrac{2}{3}=1\dfrac{2}{3}$$

방법 2 자연수와 대분수를 모두 가분수로 바꾸어 분자끼리 계산합니다.

$$3-1\dfrac{1}{3}=\dfrac{9}{3}-\dfrac{4}{3}=\dfrac{5}{3}=1\dfrac{2}{3}$$

개념 확인하기

1 □ 안에 알맞은 수를 써넣으세요.

4는 $\dfrac{1}{4}$이 □개, $\dfrac{3}{4}$은 $\dfrac{1}{4}$이 □개이므로

$4-\dfrac{3}{4}$은 $\dfrac{1}{4}$이 □개입니다.

→ $4-\dfrac{3}{4}=\dfrac{\square}{4}-\dfrac{\square}{4}=\dfrac{\square}{4}$

$\qquad\qquad =\square\dfrac{\square}{4}$

2 □ 안에 알맞은 수를 써넣으세요.

$3-\dfrac{1}{3}=2\dfrac{\square}{3}-\dfrac{1}{3}$

$\qquad =\square\dfrac{\square}{3}$

3 그림을 보고 $3-1\dfrac{1}{5}$을 계산하려고 합니다. □ 안에 알맞은 수를 써넣으세요.

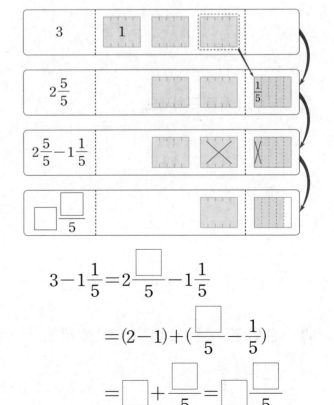

$3-1\dfrac{1}{5}=2\dfrac{\square}{5}-1\dfrac{1}{5}$

$\qquad =(2-1)+\left(\dfrac{\square}{5}-\dfrac{1}{5}\right)$

$\qquad =\square+\dfrac{\square}{5}=\square\dfrac{\square}{5}$

개념 다지기

1 수직선을 보고 □ 안에 알맞은 수를 써넣으세요.

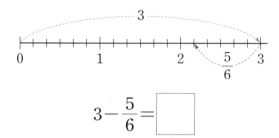

$$3 - \frac{5}{6} = \boxed{}$$

2 계산해 보세요.

(1) $5 - \dfrac{6}{7}$

(2) $10 - 4\dfrac{4}{9}$

3 두 수의 차를 구하세요.

$\dfrac{4}{15}$	3

(　　　　　　　　　)

4 보기 와 같이 계산해 보세요.

보기
$$3 - 1\frac{1}{8} = \frac{24}{8} - \frac{9}{8} = \frac{15}{8} = 1\frac{7}{8}$$

$$6 - 4\frac{3}{5} = \underline{\hspace{4cm}}$$

5 빈칸에 알맞은 수를 써넣으세요.

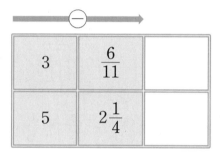

6 학교에서 문구점까지 가는 거리는 학교에서 서점 까지 가는 거리보다 몇 km 더 멀까요?

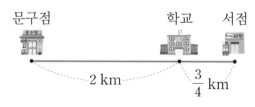

식 _____

답  _____

개념 6 분수의 뺄셈을 해 볼까요(4)

1. 받아내림이 있는 대분수의 뺄셈

예) $3\frac{2}{6}-1\frac{5}{6}$의 계산

 $3-1=2$이고 $\frac{2}{6}$보다 $\frac{5}{6}$가 크므로 2보다 작아.

(1) 그림으로 알아보기

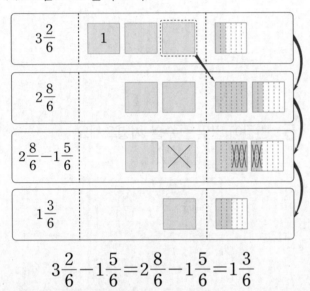

$$3\frac{2}{6}-1\frac{5}{6}=2\frac{8}{6}-1\frac{5}{6}=1\frac{3}{6}$$

(2) 수직선에 나타내어 알아보기

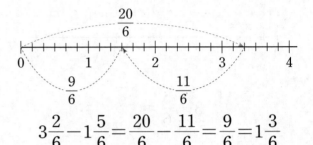

$$3\frac{2}{6}-1\frac{5}{6}=\frac{20}{6}-\frac{11}{6}=\frac{9}{6}=1\frac{3}{6}$$

◆개념의 힘

(대분수)−(대분수)의 계산 방법

방법 1 빼지는 분수의 자연수에서 1만큼을 가분수로 만든 다음 자연수 부분끼리, 분수 부분끼리 뺄셈을 합니다.

방법 2 대분수를 모두 가분수로 바꾸어 분자끼리 빼고, 결과가 가분수이면 대분수로 바꾸어 나타냅니다.

개념 확인하기

1 수직선을 보고 □ 안에 알맞은 수를 써넣으세요.

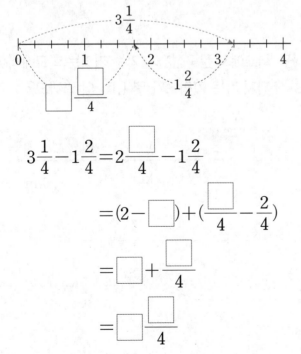

$$3\frac{1}{4}-1\frac{2}{4}=2\frac{\square}{4}-1\frac{2}{4}$$

$$=(2-\square)+(\frac{\square}{4}-\frac{2}{4})$$

$$=\square+\frac{\square}{4}$$

$$=\square\frac{\square}{4}$$

2 □ 안에 알맞은 수를 써넣으세요.

$3\frac{1}{3}$은 $\frac{1}{3}$이 □ 개,

$1\frac{2}{3}$는 $\frac{1}{3}$이 □ 개이므로

$3\frac{1}{3}-1\frac{2}{3}$는 $\frac{1}{3}$이 □ 개입니다.

→ $3\frac{1}{3}-1\frac{2}{3}=\frac{\square}{3}=\square\frac{\square}{3}$

3 □ 안에 알맞은 수를 써넣으세요.

$$5\frac{1}{5}-3\frac{2}{5}=4\frac{\square}{5}-3\frac{2}{5}=\square$$

개념 다지기

1 색칠한 부분에 $1\frac{3}{4}$만큼 ×표 하고, □ 안에 알맞은 수를 써넣으세요.

$$3\frac{1}{4} - 1\frac{3}{4} = \boxed{}\frac{\boxed{}}{4}$$

2 계산해 보세요.

$$5\frac{3}{7} - 2\frac{6}{7}$$

3 빈칸에 알맞은 수를 써넣으세요.

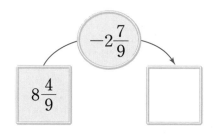

4 ㉠ − ㉡을 구하세요.

$$㉠\ 4\frac{2}{13}\qquad ㉡\ 2\frac{6}{13}$$

(　　　　　)

5 두 호박의 무게의 차는 몇 kg일까요?

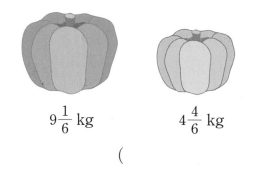

$9\frac{1}{6}$ kg 　　　 $4\frac{4}{6}$ kg

(　　　　　　)

6 □ 안에 알맞은 수를 써넣으세요.

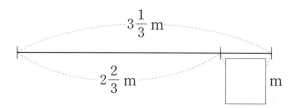

$3\frac{1}{3}$ m

$2\frac{2}{3}$ m 　　　 □ m

7 책상의 무게는 $6\frac{4}{12}$ kg이고 의자의 무게는 $3\frac{7}{12}$ kg입니다. 책상은 의자보다 몇 kg 더 무거울까요?

식 _____

답 _____

유형 5 받아내림이 없는 대분수의 뺄셈

□ 안에 알맞은 수를 써넣으세요.

$$4\frac{4}{5}-1\frac{1}{5}=\boxed{}\frac{\boxed{}}{5}$$

유형 코칭

· $5\frac{3}{4}-2\frac{2}{4}$의 계산

방법 1

$$5\frac{3}{4}-2\frac{2}{4}$$
$$=(5-2)+\left(\frac{3}{4}-\frac{2}{4}\right)$$
$$=3+\frac{1}{4}=3\frac{1}{4}$$

방법 2

$$5\frac{3}{4}-2\frac{2}{4}$$
$$=\frac{23}{4}-\frac{10}{4}$$
$$=\frac{13}{4}=3\frac{1}{4}$$

1 그림을 이용하여 $3\frac{4}{6}-2\frac{1}{6}$을 어떻게 계산하는지 알아보세요.

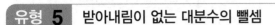

(1) 색칠한 부분에 $2\frac{1}{6}$만큼 ×표 하세요.

(2) □ 안에 알맞은 수를 써넣으세요.

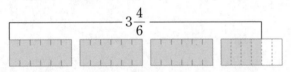

$$3\frac{4}{6}-2\frac{1}{6}=(3-\boxed{})+\left(\frac{4}{6}-\frac{\boxed{}}{6}\right)$$
$$=\boxed{}+\frac{\boxed{}}{6}=\boxed{}\frac{\boxed{}}{\boxed{}}$$

2 대분수를 가분수로 바꾸어 계산해 보세요.

$$4\frac{8}{10}-1\frac{5}{10}=\underline{}$$

3 빈칸에 알맞은 수를 써넣으세요.

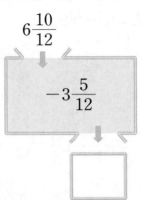

$6\frac{10}{12}$

$-3\frac{5}{12}$

4 은채네 집에서 공원까지 가는 길을 나타낸 것입니다. □ 안에 알맞은 수를 구하세요.

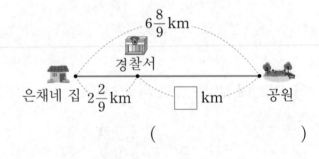

경찰서
$6\frac{8}{9}$ km

은채네 집 $2\frac{2}{9}$ km   □ km   공원

(   )

5 민수는 $9\frac{6}{17}$ kg의 밀가루 중에서 $3\frac{3}{17}$ kg을 사용했습니다. 남은 밀가루의 무게는 몇 kg일까요?

식 _____

답 _____

유형 6 (자연수)−(분수)

□ 안에 알맞은 수를 써넣으세요.

$$5-\frac{3}{7}=4\frac{\boxed{}}{7}-\frac{3}{7}=\boxed{}\frac{\boxed{}}{7}$$

유형 코칭

· $5-\frac{1}{4}$의 계산

$$5-\frac{1}{4}=4\frac{4}{4}-\frac{1}{4}$$
$$=4\frac{3}{4}$$

· $3-1\frac{2}{7}$의 계산

$$3-1\frac{2}{7}=2\frac{7}{7}-1\frac{2}{7}$$
$$=1\frac{5}{7}$$

6 수직선을 보고 $4-1\frac{4}{5}$는 얼마인지 알아보세요.

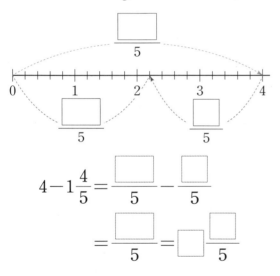

$$4-1\frac{4}{5}=\frac{\boxed{}}{5}-\frac{\boxed{}}{5}$$
$$=\frac{\boxed{}}{5}=\boxed{}\frac{\boxed{}}{5}$$

7 □ 안에 알맞은 수를 써넣으세요.

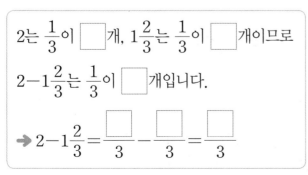

2는 $\frac{1}{3}$이 □개, $1\frac{2}{3}$는 $\frac{1}{3}$이 □개이므로

$2-1\frac{2}{3}$는 $\frac{1}{3}$이 □개입니다.

➡ $2-1\frac{2}{3}=\frac{\boxed{}}{3}-\frac{\boxed{}}{3}=\frac{\boxed{}}{3}$

8 계산해 보세요.

(1) $5-\frac{2}{6}$

(2) $9-2\frac{3}{8}$

9 주현이와 우민이가 분수의 뺄셈을 한 것입니다. 바르게 계산한 사람은 누구일까요?

주현	$4-\frac{4}{6}=4\frac{2}{6}$
우민	$5-1\frac{2}{4}=3\frac{2}{4}$

(   )

10 □ 안에 알맞은 수를 써넣으세요.

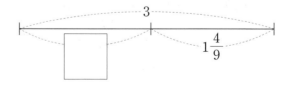

11 빈칸에 알맞은 수를 써넣으세요.

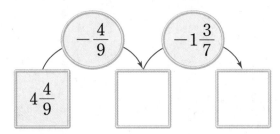

융합형

12 설탕이 봉지에 3 kg 있습니다. 이 중에서 $\frac{5}{6}$ kg 을 그릇에 덜어 냈다면 봉지에 남은 설탕은 몇 kg일까요?

식 _____

답 _____

13 호연이는 쌀 40 kg을 사서 이웃에게 나누어 주 었습니다. 남은 쌀이 $25\frac{7}{12}$ kg이라면 이웃에게 나누어 준 쌀은 몇 kg일까요?

식 _____

답 _____

유형 7 받아내림이 있는 대분수의 뺄셈

□ 안에 알맞은 수를 써넣으세요.

$$5\frac{1}{3}-2\frac{2}{3}=4\frac{\square}{3}-2\frac{2}{3}=\square\frac{\square}{3}$$

유형 코칭

· $4\frac{1}{6}-2\frac{5}{6}$의 계산

방법 1

$$4\frac{1}{6}-2\frac{5}{6}=3\frac{7}{6}-2\frac{5}{6}$$
$$=(3-2)+\left(\frac{7}{6}-\frac{5}{6}\right)$$
$$=1\frac{2}{6}$$

방법 2

$$4\frac{1}{6}-2\frac{5}{6}$$
$$=\frac{25}{6}-\frac{17}{6}$$
$$=\frac{8}{6}=1\frac{2}{6}$$

14 그림을 보고 □ 안에 알맞은 수를 써넣으세요.

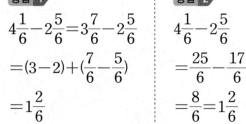

$$3\frac{1}{4}-1\frac{3}{4}=2\frac{\square}{4}-1\frac{3}{4}$$

$$=(\square-\square)+\left(\frac{\square}{4}-\frac{\square}{4}\right)$$

$$=\square+\frac{\square}{4}=\square\frac{\square}{4}$$

15 계산해 보세요.

(1) $8\frac{5}{9}-3\frac{7}{9}$

(2) $18\frac{2}{10}-6\frac{9}{10}$

16 빈칸에 알맞은 수를 써넣으세요.

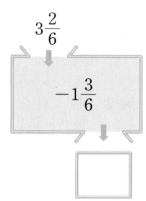

$3\frac{2}{6}$

$-1\frac{3}{6}$

17 보기와 같이 계산해 보세요.

보기

$6\frac{1}{4} - 1\frac{3}{4} = \frac{25}{4} - \frac{7}{4} = \frac{18}{4} = 4\frac{2}{4}$

$5\frac{1}{7} - 2\frac{2}{7} = $ _____

18 크기를 비교하여 ○ 안에 >, =, <를 알맞게 써넣으세요.

$4\frac{3}{7} - 1\frac{5}{7}$ ○ $2\frac{6}{7}$

19 직사각형의 가로는 세로보다 몇 m 더 길까요?

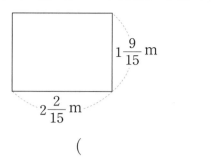

$1\frac{9}{15}$ m

$2\frac{2}{15}$ m

(   )

20 준수가 집에서 출발하여 박물관까지 가려고 합니다. 지금 지하철역까지 갔다면 앞으로 몇 km를 더 가야 할까요?

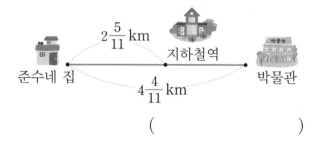

$2\frac{5}{11}$ km 지하철역

준수네 집 $4\frac{4}{11}$ km 박물관

(   )

21 유아는 딸기를 $5\frac{4}{12}$ kg 따서 그중 $3\frac{8}{12}$ kg을 할머니께 드렸습니다. 할머니에게 드리고 남은 딸기는 몇 kg일까요?

식 _____

답 _____

응용 유형 1 ~보다 ■ 큰 수, ~보다 ▲ 작은 수

~보다 큰 수: 덧셈, ~보다 작은 수: 뺄셈

1 다음이 나타내는 수를 구하세요.

$$\frac{6}{9} \text{보다 } \frac{2}{9} \text{ 큰 수}$$

(   )

2 다음이 나타내는 수를 구하세요.

$$4 \text{보다 } \frac{6}{7} \text{ 작은 수}$$

(   )

3 $3\frac{9}{11}$보다 $\frac{6}{11}$ 작은 수를 구하세요.

(   )

4 $7\frac{2}{8}$보다 $1\frac{7}{8}$ 큰 수를 구하세요.

(   )

응용 유형 2 계산 결과의 크기 비교하기

① 분수의 계산을 합니다.
② 두 계산 결과의 크기를 비교합니다.

5 계산 결과의 크기를 비교하여 ○ 안에 >, =, < 를 알맞게 써넣으세요.

$$\frac{3}{6} + \frac{2}{6} \bigcirc \frac{1}{6} + \frac{4}{6}$$

6 계산 결과의 크기를 비교하여 ○ 안에 >, =, < 를 알맞게 써넣으세요.

$$7 - 3\frac{1}{4} \bigcirc 6 - 2\frac{3}{4}$$

7 계산 결과가 더 작은 것의 기호를 쓰세요.

$$\bigcirc \ 1\frac{8}{12} + 4\frac{5}{12} \qquad \bigcirc \ 8\frac{11}{12} - 3\frac{3}{12}$$

(   )

8 계산 결과가 더 큰 것의 기호를 쓰세요.

$$\bigcirc \ 2\frac{7}{9} + \frac{7}{9} \qquad \bigcirc \ 6\frac{1}{9} - 2\frac{3}{9}$$

(   )

응용 유형 3 세 분수의 계산하기

- 세 분수의 계산을 할 때에는 앞에서부터 두 수씩 차례로 계산합니다.

  예) $\dfrac{3}{5} + \dfrac{1}{5} + \dfrac{4}{5} = \dfrac{4}{5} + \dfrac{4}{5} = \dfrac{8}{5} = 1\dfrac{3}{5}$

9 빈칸에 알맞은 수를 써넣으세요.

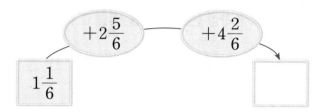

10 빈칸에 알맞은 수를 써넣으세요.

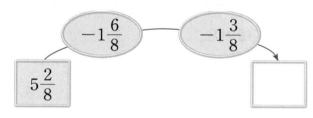

11 빈칸에 알맞은 수를 써넣으세요.

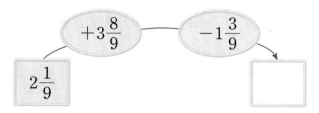

응용 유형 4 합과 차가 주어진 두 진분수 구하기

① 합과 차가 주어진 두 분수의 분자를 구합니다.
② 두 진분수를 구합니다.

12 분모가 12인 진분수가 2개 있습니다. 합이 $\dfrac{11}{12}$ 이고 차가 $\dfrac{3}{12}$일 때 두 진분수를 구하세요.

(   )

13 분모가 9인 진분수가 2개 있습니다. 합이 $\dfrac{5}{9}$이고 차가 $\dfrac{3}{9}$일 때 두 진분수를 구하세요.

(   )

14 분모가 11인 진분수가 2개 있습니다. 합이 $1\dfrac{1}{11}$ 이고 차가 $\dfrac{4}{11}$일 때 두 진분수를 구하세요.

(   )

15 분모가 8인 진분수가 2개 있습니다. 합이 1이고 차가 $\dfrac{2}{8}$일 때 두 진분수를 구하세요.

(   )

1 단원

분수의 덧셈과 뺄셈

덧셈과 뺄셈의 관계를 이용해서 □ 안에 알맞은 분수를 구합니다.

16 □ 안에 알맞은 분수를 구하세요.

$$\Box + 2\frac{3}{6} = 7\frac{5}{6}$$

(   )

17 □ 안에 알맞은 분수를 구하세요.

$$\Box - 3\frac{2}{7} = 1\frac{3}{7}$$

(   )

18 □ 안에 알맞은 분수를 구하세요.

$$4\frac{2}{9} - \Box = 1\frac{7}{9}$$

(   )

19 □ 안에 알맞은 분수를 구하세요.

$$3\frac{3}{8} + 4\frac{6}{8} = \Box + 5\frac{4}{8}$$

(   )

(1) 빼지는 수가 클수록, 빼는 수가 작을수록 계산 결과는 큽니다.

(2) 빼지는 수가 작을수록, 빼는 수가 클수록 계산 결과는 작습니다.

20 보기 에서 두 수를 골라 □ 안에 써넣어 계산 결과가 가장 큰 뺄셈식을 만들고 답을 구하세요.

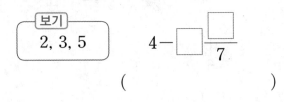

보기
2, 3, 5

$$4 - \Box\frac{\Box}{7}$$

(   )

21 3장의 수 카드 중에서 2장을 골라 □ 안에 써넣어 계산 결과가 가장 작은 뺄셈식을 만들고 답을 구하세요.

3   5   6

$$7 - \Box\frac{\Box}{8}$$

(   )

22 보기 에서 두 수를 골라 □ 안에 써넣어 계산 결과가 가장 작은 뺄셈식을 만들고 답을 구하세요.

보기
1, 3, 4

$$4\frac{\Box}{6} - 3\frac{\Box}{6}$$

(   )

응용 유형 7 >, <가 있는 식에서 □ 안의 자연수 구하기

① 분수의 계산을 합니다.
② 크기를 비교하여 □의 값을 구합니다.

23 □ 안에 들어갈 수 있는 자연수를 모두 구하세요.

$$\frac{5}{8}+\frac{6}{8}<1\frac{\square}{8}$$

(   )

24 □ 안에 들어갈 수 있는 자연수를 모두 구하세요.

$$2\frac{7}{9}+2\frac{5}{9}>5\frac{\square}{9}$$

(   )

25 □ 안에 들어갈 수 있는 자연수를 모두 구하세요.

$$6\frac{3}{10}-3\frac{8}{10}>2\frac{\square}{10}$$

(   )

응용 유형 8 이어 붙인 색 테이프의 전체 길이 구하기

• 색 테이프를 겹쳐서 이어 붙였을 때
  (겹쳐진 부분의 수)=(색 테이프의 수)-1
• (이어 붙인 색 테이프의 전체 길이)
  =(색 테이프의 길이의 합)-(겹쳐진 부분의 길이의 합)

26 그림과 같이 길이가 $3\frac{4}{5}$ m인 색 테이프 2장을 $1\frac{3}{5}$ m 겹치게 이어 붙였습니다. 이어 붙인 색 테이프의 전체 길이는 몇 m일까요?

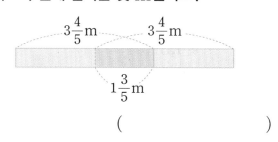

(   )

27 그림과 같이 길이가 5 m인 색 테이프 3장을 $1\frac{6}{7}$ m씩 겹치게 이어 붙였습니다. 이어 붙인 색 테이프의 전체 길이는 몇 m일까요?

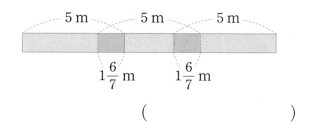

(   )

문제 해결력 **서술형** >>

1-1 영아네 집에서 문구점을 거쳐 서점까지 가는 거리는 집에서 서점으로 바로 가는 거리보다 몇 km 더 멀까요?

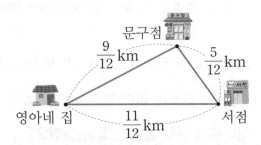

(1) 집에서 문구점을 거쳐 서점까지 가는 거리는 몇 km일까요?

(   )

(2) 집에서 문구점을 거쳐 서점까지 가는 거리는 집에서 서점으로 바로 가는 거리보다 몇 km 더 멀까요?

(   )

바로 쓰는 **서술형** >>

1-2 호서네 집에서 미술관을 거쳐 전쟁기념관까지 가는 거리는 집에서 전쟁기념관으로 바로 가는 거리보다 몇 km 더 먼지 풀이 과정을 쓰고 답을 구하세요. [5점]

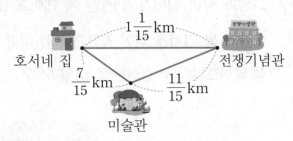

> 풀이

답 _____

문제 해결력 **서술형** >>

2-1 다음 직사각형 모양의 꽃밭의 네 변의 길이의 합은 몇 m인지 구하세요.

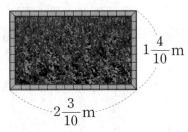

(1) 가로와 세로의 합은 몇 m일까요?

(   )

(2) 직사각형에는 가로와 세로가 각각 몇 개씩 있을까요?

(   )

(3) 꽃밭의 네 변의 길이의 합은 몇 m일까요?

(   )

바로 쓰는 **서술형** >>

2-2 다음 직사각형의 네 변의 길이의 합은 몇 m인지 풀이 과정을 쓰고 답을 구하세요. [5점]

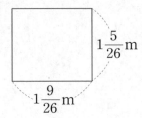

> 풀이

답 _____

문제 해결력 **서술형** >>

3-1 어떤 수에서 $2\frac{4}{5}$를 빼야 할 것을 잘못하여 더했더니 $6\frac{2}{5}$가 되었습니다. 바르게 계산한 값을 구하세요.

(1) 어떤 수를 □라 하여 잘못 계산한 덧셈식을 세워 보세요.

식 _____

(2) □를 구하세요.

(   )

(3) 바르게 계산한 값을 구하세요.

(   )

문제 해결력 **서술형** >>

4-1 설탕 공예사가 설탕 $6\frac{2}{7}$ kg을 준비했습니다. 작품 1개를 만드는 데 $2\frac{3}{7}$ kg의 설탕이 사용된다면 준비한 설탕으로 만들 수 있는 작품은 모두 몇 개이고 남는 설탕은 몇 kg인지 구하세요.

(1) 작품을 1개 만들면 설탕 몇 kg이 남을까요?

(   )

(2) 작품을 1개 더 만들면 설탕 몇 kg이 남을까요?

(   )

(3) 만들 수 있는 작품은 모두 몇 개이고 남는 설탕은 몇 kg인지 구하세요.

(   ), (   )

바로 쓰는 **서술형** >>

3-2 어떤 수에 $3\frac{4}{9}$를 더해야 할 것을 잘못하여 빼었더니 $8\frac{4}{9}$가 되었습니다. 바르게 계산한 값은 얼마인지 풀이 과정을 쓰고 답을 구하세요. [5점]

풀이

답 _____

바로 쓰는 **서술형** >>

4-2 시루떡을 만들기 위해 쌀 $3\frac{4}{15}$ kg을 사 왔습니다. 시루떡 1판을 만드는 데 쌀 $1\frac{6}{15}$ kg이 사용된다면 사 온 쌀로 만들 수 있는 시루떡은 모두 몇 판이고 남는 쌀은 몇 kg인지 풀이 과정을 쓰고 답을 구하세요. [5점]

풀이

답 _____ , _____

단원평가

1 그림을 보고 □ 안에 알맞은 수를 써넣으세요.

$$\frac{4}{6} + \frac{\square}{6} = \frac{\square}{6}$$

[2~3] 계산해 보세요.

2 $1 - \frac{7}{11}$

3 $2\frac{1}{8} + 1\frac{5}{8}$

4 대분수를 가분수로 바꾸어 계산해 보세요.

$1\frac{4}{9} + 1\frac{8}{9} = $ _____

5 두 수의 합을 구하세요.

$$\frac{7}{12} \qquad \frac{8}{12}$$

(   )

6 빈칸에 알맞은 수를 써넣으세요.

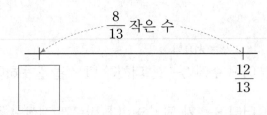

7 □ 안에 알맞은 수를 써넣으세요.

$\frac{8}{13}$ 작은 수

$\square \qquad\qquad\qquad \frac{12}{13}$

8 계산에서 잘못된 부분을 찾아 바르게 계산하세요.

$$7\frac{9}{15} - 3\frac{10}{15} = 7\frac{24}{15} - 3\frac{10}{15}$$
$$= (7-3) + \left(\frac{24}{15} - \frac{10}{15}\right)$$
$$= 4 + \frac{14}{15} = 4\frac{14}{15}$$

$7\frac{9}{15} - 3\frac{10}{15}$

$= $ _____

점수

9 □ 안에 알맞은 수를 써넣으세요.

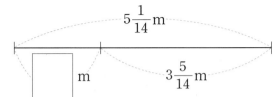

10 크기를 비교하여 ○ 안에 >, =, <를 알맞게 써넣으세요.

$$7\frac{4}{9} - 4\frac{7}{9} \bigcirc 3$$

11 세진이와 선주는 멀리뛰기를 했습니다. 세진이는 $\frac{8}{10}$ m 뛰었고, 선주는 세진이보다 $\frac{9}{10}$ m 더 멀리 뛰었습니다. 선주가 뛴 거리는 몇 m일까요?

식 _____

답 _____

12 직사각형의 가로는 세로보다 몇 cm 더 길까요?

$2\frac{13}{18}$ cm

4 cm

(   )

13 가장 큰 분수와 가장 작은 분수의 차를 구하세요.

$$4\frac{1}{16} \qquad 3\frac{14}{16} \qquad 3\frac{9}{16}$$

(   )

14 영미의 책가방 무게는 $3\frac{3}{8}$ kg이고 효주의 책가방은 영미의 책가방보다 $1\frac{5}{8}$ kg 더 가볍습니다. 효주의 책가방 무게는 몇 kg일까요?

식 _____

답 _____

15 빈 곳에 알맞은 수를 써넣으세요.

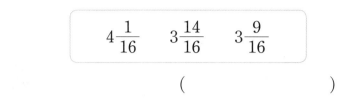

1 단원

분수의 덧셈과 뺄셈

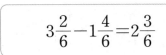
16 계산이 잘못된 이유를 지욱이와 주희가 각각 설명한 것입니다. □ 안에 알맞은 수를 써넣으세요.

$$3\frac{2}{6}-1\frac{4}{6}=2\frac{3}{6}$$

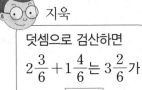 지욱

덧셈으로 검산하면 $2\frac{3}{6}+1\frac{4}{6}$ 는 $3\frac{2}{6}$ 가 아니라 □ 이니까 잘못 계산한 거야!

주희

$3-1=2$이지만 $\frac{2}{6}$ 가 $\frac{4}{6}$ 보다 작으니까 계산 결과가 □ 보다 작아야 해!

17 삼각형의 세 변의 길이의 합은 몇 m일까요?

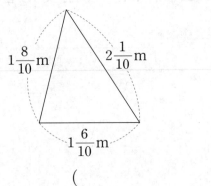

$1\frac{8}{10}$ m 　$2\frac{1}{10}$ m

$1\frac{6}{10}$ m

(　　　　　　)

18 □ 안에 들어갈 수 있는 자연수는 모두 몇 개일까요?

$$2\frac{7}{11}<1\frac{\square}{11}+\frac{10}{11}$$

(　　　　　　)

서술형

19 페인트가 $5\frac{4}{11}$ L 있습니다. 상자 한 개를 칠하는데 페인트가 $2\frac{1}{11}$ L 필요합니다. 칠할 수 있는 상자는 모두 몇 개이고, 남는 페인트는 몇 L인지 풀이 과정을 쓰고 답을 구하세요.

풀이 _____

_____

_____

_____

_____

답 _____ , _____

서술형

20 분모가 7인 진분수가 2개 있습니다. 합이 $\frac{5}{7}$ 이고 차가 $\frac{3}{7}$ 일 때 두 진분수를 구하는 풀이 과정을 쓰고 답을 구하세요.

풀이 _____

_____

_____

답 _____

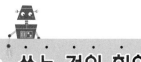

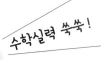

1단원 수학일기

쓰는 것이 힘이다!

수학실력 쑥쑥!

월	일	요일	이름

☆ 1단원에서 배운 내용을 친구들에게 설명하듯이 써 봐요.

☆ 1단원에서 배운 내용이 실생활에서 어떻게 쓰이고 있는지 찾아 써 봐요.

칭찬 & 격려해 주세요.

➜ QR코드를 찍으면 예시 답안을 볼 수 있어요.

2 삼각형

개념 카툰 ① 이등변삼각형

개념 카툰 ② 정삼각형

이미 배운 내용
[3-1] 2. 평면도형
[4-1] 2. 각도

이번에 배우는 내용
✓ 이등변삼각형, 정삼각형 알아보기
✓ 예각삼각형, 둔각삼각형 알아보기
✓ 여러 가지 삼각형을 변의 길이와 각의 크기에 따라 분류하기

앞으로 배울 내용
[4-2] 4. 사각형
[4-2] 6. 다각형
[6-1] 2. 각기둥과 각뿔

개념 카툰 ③ 정삼각형의 성질

정삼각형의 한 각의 크기가 몇 도인지 각도기도 없는데 내가 어떻게 알아?

몇 분 후⋯

이상하다⋯

왜 문이 안 열리지? 설마 답을 모르는 거야?

정삼각형이면 세 각의 크기가 각각 60°잖아~!

정답입니다~

콰앙

쾅

60°
60° 60°

정삼각형은 세 각의 크기가 같습니다.

왕자님은 어디 간 거지?

왕자는 각도기를 가지러 도로 갔습니다.

개념 카툰 ④ 둔각삼각형

이 문 너머 계단이 있겠군. 문제가~

다음 두 삼각형 중 둔각삼각형은?
① ②

이쯤이야 쉽지~ 둔각삼각형은 한 각이 둔각인 삼각형이니까 답은 ②번!

정답입니다~

⋯ 라푼젤을 꼭 구해줘야 하나?

휘 오 오

이상하다~ 올 때가 됐는데~

안절 부절

개념의 힘

개념 1 삼각형을 분류해 볼까요 (1) → 변의 길이에 따라 분류하기

생각의 힘

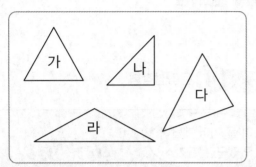

삼각형을 변의 길이에 따라 분류해 볼까?

두 변의 길이가 같음.	세 변의 길이가 같음.	세 변의 길이가 모두 다름.
가, 나, 라	가	다

1. 이등변삼각형: 두 변의 길이가 같은 삼각형

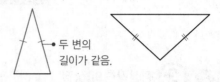

두 변의 길이가 같음.

2. 정삼각형: 세 변의 길이가 같은 삼각형

세 변의 길이가 같음.

☑ 참고 정삼각형은 이등변삼각형이라고 할 수 있습니다.
이등변삼각형은 정삼각형이라고 할 수 없습니다.

개념 확인하기

1 두 변의 길이가 같은 삼각형에 ○표 하세요.

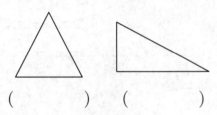

(   )   (   )

2 ☐ 안에 알맞은 말을 써넣으세요.

두 변의 길이가 같은 삼각형을
☐ 이라고 합니다.

3 세 변의 길이가 같은 삼각형을 찾아 기호를 쓰세요.

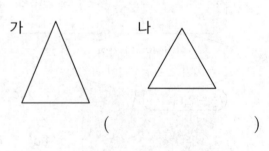

가   나

(   )

4 정삼각형입니다. ☐ 안에 알맞은 수를 써넣으세요.

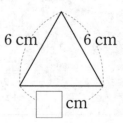

6 cm   6 cm

☐ cm

개념 다지기

1 그림을 보고 물음에 답하세요.

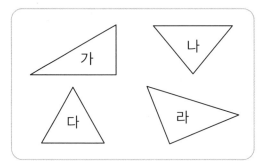

(1) 이등변삼각형을 모두 찾아 기호를 쓰세요.

(   )

(2) 정삼각형을 찾아 기호를 쓰세요.

(   )

2 이등변삼각형입니다. □ 안에 알맞은 수를 써넣으세요.

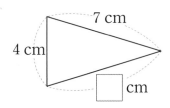

3 정삼각형입니다. □ 안에 공통으로 들어갈 수를 구하세요.

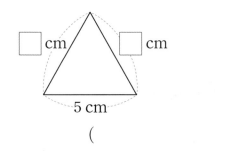

(   )

4 자를 사용하여 이등변삼각형을 찾아 기호를 쓰고, □ 안에 알맞은 말을 써넣으세요.

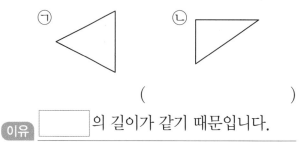

(   )

이유   □ 의 길이가 같기 때문입니다.

5 정삼각형은 모두 몇 개일까요?

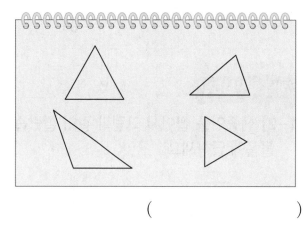

(   )

6 세 변의 길이가 다음과 같은 삼각형의 이름을 쓰세요.

| 8 cm | 5 cm | 8 cm |

(   )

2 단원

삼각형

개념 2 이등변삼각형의 성질을 알아볼까요

1. 색종이를 잘라서 알아보기

그림과 같이 색종이를 잘라 봅니다.

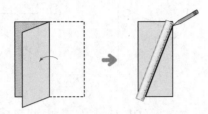

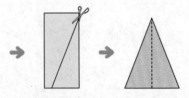

겹쳐서 잘랐으므로

두 변의 길이가 같습니다. ➡ 이등변삼각형

두 각의 크기가 같습니다. ➡ 이등변삼각형의 성질

2. 모눈종이에 그려서 알아보기

모눈종이에 이등변삼각형을 그리고 각의 크기를 재어 봅니다.

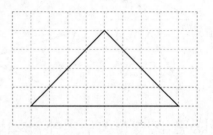

세 각의 크기를 재어 보니 90°, 45°, 45°야. 두 각의 크기가 같네~

이등변삼각형의 성질

길이가 같은 두 변과 함께 하는 **두 각의 크기가 같습니다.**

개념 확인하기

[1~2] 색종이를 접어서 그림과 같이 잘랐습니다. 물음에 답하세요.

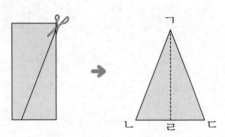

1 길이가 같은 두 변을 찾아 쓰세요.

(변 ㄱㄴ)=(변 [   ])

2 크기가 같은 두 각을 찾아 쓰세요.

(각 ㄱㄴㄹ)=(각 [   ])

[3~4] 이등변삼각형을 보고 물음에 답하세요.

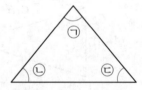

3 세 각의 크기를 각각 재어 보세요.

각	㉠	㉡	㉢
크기			

4 이등변삼각형은 항상 크기가 같은 각이 몇 개 있을까요?

(   )

2
단원

삼
각
형

개념 다지기

1 주어진 선분을 한 변으로 하는 이등변삼각형을 그리고, 각도기로 각의 크기를 재어 보고 알맞은 말에 ○표 하세요.

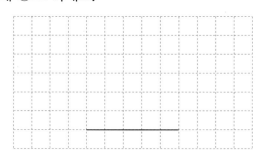

이등변삼각형은 두 각의 크기가
(같습니다 , 다릅니다).

[2~3] 다음 도형은 이등변삼각형입니다. □ 안에 알맞은 수를 써넣으세요.

2

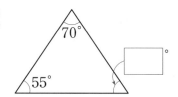

3

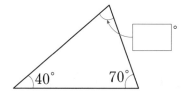

4 삼각형 ㄱㄴㄷ에서 각 ㄱㄴㄷ의 크기는 몇 도일까요?

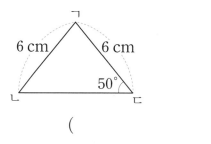

(　　　　　　　　)

[5~6] 두 각의 크기가 같은 삼각형을 그리려고 합니다. 물음에 답하세요.

5 주어진 선분의 양 끝에 각각 40°인 각을 그리고 두 각의 변이 만나는 점을 찾아 삼각형을 완성하세요.

6 변의 길이를 재어 어떤 삼각형인지 이름을 쓰세요.

(　　　　　　　　)

7 이등변삼각형입니다. □ 안에 알맞은 수를 써넣으세요.

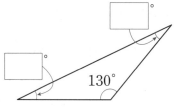

개념 3 정삼각형의 성질을 알아볼까요

1. 정삼각형 그림을 보고 알아보기

정삼각형의 변의 길이와 각의 크기를 비교해 봅니다.

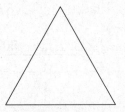

자로 재어 보니 3 cm, 3 cm, 3 cm로 세 변의 길이가 모두 같아.

각도기로 재어 보니 60°, 60°, 60°로 세 각의 크기가 모두 같아.

위의 삼각형에서

세 변의 길이가 같습니다. ➡ 정삼각형

세 각의 크기가 같습니다. ➡ 정삼각형의 성질

2. 모눈종이에 그려서 알아보기

모눈종이에 정삼각형을 그리고 각의 크기를 재어 봅니다.

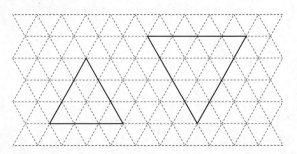

세 각의 크기를 재어 보면 60°, 60°, 60°로 세 각의 크기가 모두 같습니다.

> **정삼각형의 성질**
>
> 정삼각형은 세 각의 크기가 같습니다.

개념 확인하기

[1~2] 정삼각형을 보고 물음에 답하세요.

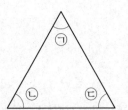

1 세 각의 크기를 각각 재어 보세요.

각	㉠	㉡	㉢
크기			

2 알맞은 말에 ◯표 하세요.

> 정삼각형은 세 각의 크기가
> (같습니다 , 다릅니다).

[3~4] 정삼각형을 보고 물음에 답하세요.

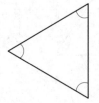

3 정삼각형의 세 각의 크기의 합은 몇 도일까요?

(   )

4 정삼각형의 한 각의 크기는 몇 도일까요?

(   )

개념 다지기

1 주어진 선분을 한 변으로 하는 정삼각형을 그리고, 각도기로 각의 크기를 재어 알맞은 말에 ○표 하세요.

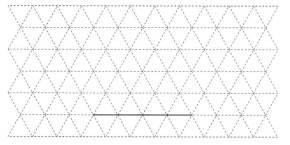

정삼각형은 세 각의 크기가 모두
(같습니다 , 다릅니다).

[2~3] 다음 도형은 정삼각형입니다. □ 안에 알맞은 수를 써넣으세요.

2

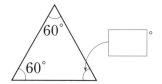

3

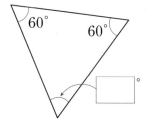

[4~5] 세 각의 크기가 같은 삼각형을 그리려고 합니다. 물음에 답하세요.

4 주어진 선분의 양 끝에 각각 60°인 각을 그리고 두 각의 변이 만나는 점을 찾아 삼각형을 완성하세요.

5 변의 길이를 재어 어떤 삼각형인지 이름을 쓰세요.

(　　　　　　　)

[6~7] 그림을 보고 물음에 답하세요.

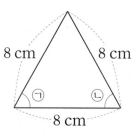

6 위의 삼각형은 어떤 삼각형인지 이름을 쓰세요.

(　　　　　　　)

7 도형에서 ㉠, ㉡에 알맞은 각도를 각각 구하세요.

㉠ (　　　　　　　)

㉡ (　　　　　　　)

유형 1 삼각형을 변의 길이에 따라 분류하기

이등변삼각형입니다. □ 안에 알맞은 수를 써넣으세요.

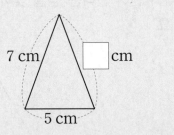

7 cm 　□ cm
5 cm

유형 코칭

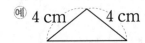

• 이등변삼각형: 두 변의 길이가 같은 삼각형

예 4 cm　4 cm

• 정삼각형: 세 변의 길이가 같은 삼각형

예 5 cm　5 cm
5 cm

1 색종이를 그림과 같이 오려서 삼각형 ㄱㄴㄷ을 만들었습니다. 삼각형 ㄱㄴㄷ은 어떤 삼각형일까요?

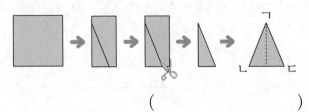

(　　　　　　　)

2 정삼각형입니다. □ 안에 알맞은 수를 써넣으세요.

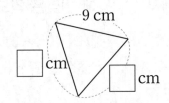

9 cm
□ cm　□ cm

창의 · 융합

3 다음과 같이 삼각형을 만들었습니다. 만든 삼각형은 어떤 삼각형인지 이름을 쓰세요.

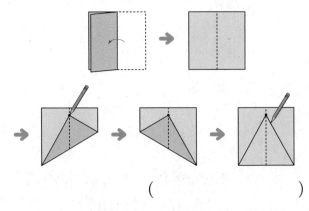

(　　　　　　　)

4 정삼각형을 찾아 기호를 쓰세요.

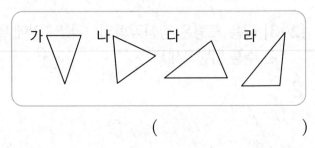

가　나　다　라

(　　　　　　　)

5 세 사람이 가지고 있는 막대를 각 변으로 하여 만들 수 있는 삼각형의 이름을 쓰세요.

영주: 내가 가지고 있는 막대는 8 cm야.
혜미: 내가 가지고 있는 막대는 9 cm야.
준호: 나는 영주와 똑같은 길이의 막대를 가지고 있어.

(　　　　　　　)

유형 2 이등변삼각형의 성질

이등변삼각형입니다. □ 안에 알맞은 수를 써넣으세요.

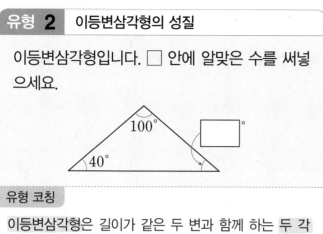

유형 코칭

이등변삼각형은 길이가 같은 두 변과 함께 하는 **두 각**의 크기가 같습니다.

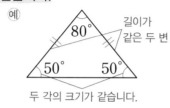

6 이등변삼각형에서 각 ㄱㄴㄷ과 크기가 같은 각을 찾아 쓰세요.

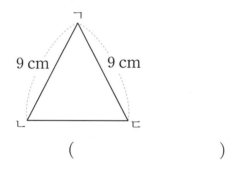

(　　　　)

7 이등변삼각형입니다. □ 안에 알맞은 수를 써넣으세요.

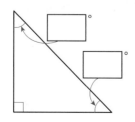

8 선분 ㄱㄴ을 이용하여 보기와 같은 이등변삼각형을 그려 보세요.

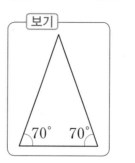

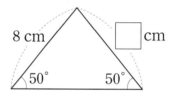

9 □ 안에 알맞은 수를 써넣으세요.

창의·융합

10 자를 사용하여 이등변삼각형을 그려 보세요.

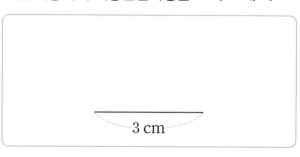

주어진 3 cm인 변과 같은 길이의 변을 그려서 삼각형을 완성해.

11 삼각형에서 ㉠의 크기를 구하세요.

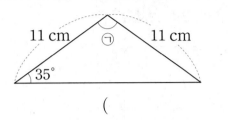

( )

12 삼각형에서 ㉠의 크기를 구하세요.

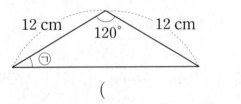

( )

13 이등변삼각형입니다. 세 변의 길이의 합은 몇 cm일까요?

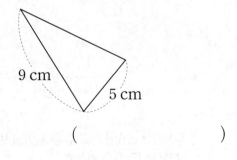

( )

유형 3 정삼각형의 성질

정삼각형입니다. □ 안에 알맞은 수를 써넣으세요.

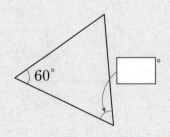

유형 코칭

정삼각형: 세 각의 크기가 같습니다.

㉠

[14~15] 물음에 답하세요.

14 크기가 다른 정삼각형을 2개 그려 보세요.

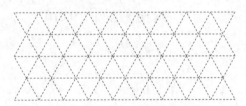

15 위 **14**에서 그린 삼각형의 각도를 각도기로 재어 보고 □ 안에 알맞은 말을 써넣으세요.

정삼각형은 □ 각의 크기가 같습니다.

16 삼각형에서 □ 안에 알맞은 수를 써넣으세요.

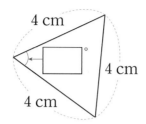

[17~18] 각도기와 자를 사용하여 정삼각형을 그려 보세요.

17

18

19 삼각형에서 □ 안에 알맞은 수를 써넣으세요.

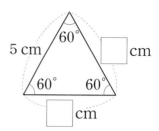

20 잘못 설명한 사람은 누구일까요?

정삼각형의 세 각의 크기는 같아.

이등변삼각형은 정삼각형이야.

형수　　　　　　지희

(　　　　　　　　　　)

21 정삼각형의 세 변의 길이의 합이 30 cm일 때, □ 안에 알맞은 수를 써넣으세요.

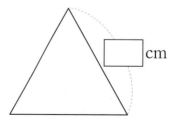

개념의 힘

개념 4 삼각형을 분류해 볼까요 (2) → 각의 크기에 따라 분류하기

🔆 생각의 힘

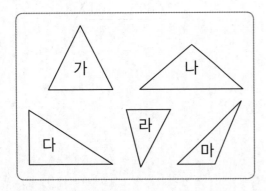

삼각형을 각의 크기에 따라 분류해 볼까?

예각이 3개 있음.	둔각이 1개 있음.	직각이 1개 있음.
가, 라	나, 마	다

1. 예각삼각형: 세 각이 모두 예각인 삼각형
└ 0°보다 크고 90°보다 작은 각

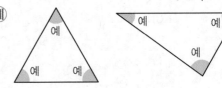

2. 둔각삼각형: 한 각이 둔각인 삼각형
└ 90°보다 크고 180°보다 작은 각

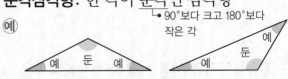

☑ 참고 각의 크기에 따른 삼각형의 분류

예각삼각형	둔각삼각형	직각삼각형
예각 3개	둔각 1개, 예각 2개	직각 1개, 예각 2개

개념 확인하기

[1~2] 삼각형을 보고 물음에 답하세요.

1 삼각형에서 예각을 모두 찾아 ∠ 표 하세요.

2 알맞은 말에 ○표 하고 □ 안에 알맞은 말을 써넣으세요.

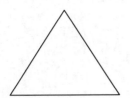

(한 , 두 , 세) 각이 모두 ⬚ 인 삼각형을 예각삼각형이라고 합니다.

[3~4] 삼각형을 보고 물음에 답하세요.

3 삼각형에서 둔각을 찾아 ∠ 표 하세요.

4 알맞은 말에 ○표 하고 □ 안에 알맞은 말을 써넣으세요.

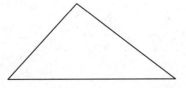

(한 , 두 , 세) 각이 둔각인 삼각형을 ⬚ 이라고 합니다.

1 삼각형을 예각삼각형, 둔각삼각형, 직각삼각형으로 분류하여 기호를 쓰세요.

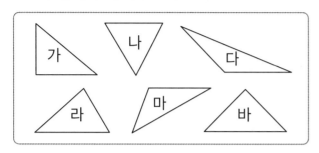

예각삼각형	둔각삼각형	직각삼각형

2 주어진 선분을 한 변으로 하여 예각삼각형을 그리려고 합니다. 어느 점과 선분을 이어 삼각형을 그려야 할까요?

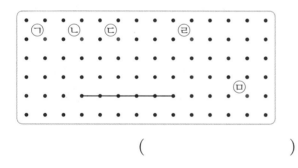

(　　　　　)

3 점 종이에 둔각삼각형을 1개 그려 보세요.

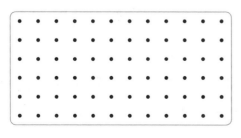

4 예각삼각형을 그려 보세요.

5 직사각형을 점선을 따라 자르면 둔각삼각형은 몇 개 생길까요?

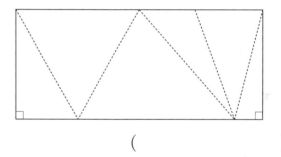

(　　　　　)

6 세 각이 다음과 같은 삼각형이 있습니다. 이 삼각형의 이름을 쓰세요.

$$30° \quad 85° \quad 65°$$

(　　　　　)

개념 5   삼각형을 두 가지 기준으로 분류해 볼까요

삼각형을 두 가지 기준으로 분류해 봅니다.

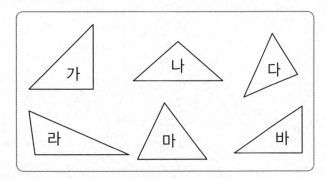

1. 변의 길이에 따라 삼각형 분류하기

이등변삼각형	가, 나, 마
세 변의 길이가 모두 다른 삼각형	다, 라, 바

 두 변의 길이가 같은 삼각형은 이등변삼각형이라는 사실!

2. 각의 크기에 따라 삼각형 분류하기

예각삼각형	둔각삼각형	직각삼각형
다, 마	나, 라	가, 바

➡ 예각 3개: 예각삼각형
  둔각 1개: 둔각삼각형
  직각 1개: 직각삼각형

☑ 참고   정삼각형은 예각삼각형입니다.

3. 변의 길이와 각의 크기에 따라 삼각형 분류하기

	예각 삼각형	둔각 삼각형	직각 삼각형
이등변삼각형	마	나	가
세 변의 길이가 모두 다른 삼각형	다	라	바

삼각형 마는 이등변삼각형이면서 예각삼각형이네.

개념 확인하기

1 삼각형을 각의 크기에 따라 분류한 이름에 ○표 하세요.

┌─────────┐ ┌─────────┐
│ 이등변삼각형 │ │ 둔각삼각형 │
└─────────┘ └─────────┘
(   )   (   )

2 삼각형을 변의 길이에 따라 분류한 이름에 ○표 하세요.

┌─────────┐ ┌─────────┐
│ 예각삼각형 │ │ 이등변삼각형 │
└─────────┘ └─────────┘
(   )   (   )

[3~5] 예각삼각형이면서 이등변삼각형인 것을 알아보려고 합니다. 물음에 답하세요.

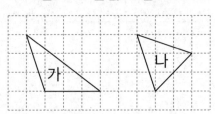

3 예각삼각형인 것을 찾아 기호를 쓰세요.

(   )

4 이등변삼각형인 것을 찾아 기호를 쓰세요.

(   )

5 예각삼각형이면서 이등변삼각형인 것을 찾아 기호를 쓰세요.

(   )

개념 다지기

[1~2] 알맞은 것끼리 선으로 이어 보세요.

1

이등변삼각형   정삼각형

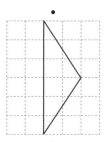

예각삼각형   둔각삼각형   직각삼각형

2

이등변삼각형   정삼각형

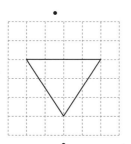

예각삼각형   둔각삼각형   직각삼각형

3 이등변삼각형이면서 직각삼각형인 것을 찾아 기호를 쓰세요.

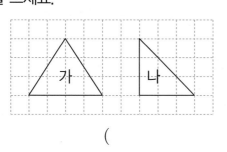

(   )

4 ☐ 안에 알맞은 말을 써넣으세요.

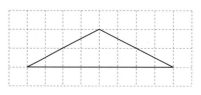

(1) 이 삼각형은 두 변의 길이가 같기 때문에

☐ 입니다.

(2) 이 삼각형은 둔각이 있기 때문에

☐ 입니다.

(3) 이 삼각형은 두 각의 크기가 같기 때문에

☐ 입니다.

5 길이가 같은 빨대 3개를 변으로 하여 만들 수 있는 삼각형의 이름을 모두 찾아 기호를 쓰세요.

⊙ 정삼각형   ⓛ 이등변삼각형
ⓔ 예각삼각형   ⓒ 직각삼각형

(   )

2 단원

삼각형

유형 4 예각삼각형, 둔각삼각형

예각삼각형은 '예', 둔각삼각형은 '둔'이라고 ( ) 안에 써넣으세요.

   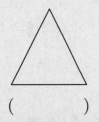

(   )   (   )

유형 코칭

• 예각삼각형: 세 각이 모두 예각인 삼각형

• 둔각삼각형: 한 각이 둔각인 삼각형

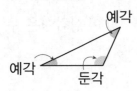

1 관계있는 것끼리 선으로 이어 보세요.

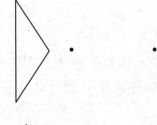

•   • 예각삼각형

•   • 둔각삼각형

2 예각삼각형을 모두 찾아 기호를 쓰세요.

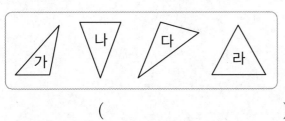

(   )

3 점 종이에 예각삼각형과 둔각삼각형을 각각 1개씩 그려 보세요.

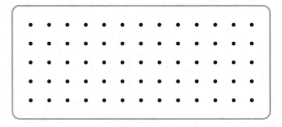

4 다음은 삼각형의 세 각의 크기를 나타낸 것입니다. 예각삼각형을 찾아 기호를 쓰세요.

㉠ 50°, 90°, 40°
㉡ 35°, 45°, 100°
㉢ 55°, 60°, 65°

(   )

5 혜리가 삼각형을 보고 잘못 설명한 것입니다. 혜리의 설명이 맞게 되도록 □ 안에 알맞은 말을 써넣으세요.

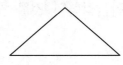

예각이 있으니까 예각삼각형이야.

혜리

한 각이 □ 이므로 □ 입니다.

유형 5   삼각형을 두 가지 기준으로 분류하기

삼각형의 이름이 될 수 있는 것을 모두 고르세요.
.................................(   )

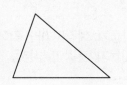

① 이등변삼각형 　② 예각삼각형
③ 직각삼각형 　　④ 정삼각형
⑤ 둔각삼각형

유형 코칭

• 변의 길이에 따른 분류
  ➡ 이등변삼각형, 정삼각형
• 각의 크기에 따른 분류
  ➡ 예각삼각형, 둔각삼각형, 직각삼각형

[6~8] 이등변삼각형이면서 예각삼각형인 것을 알아
보려고 합니다. 물음에 답하세요.

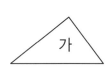

6 이등변삼각형을 모두 찾아 기호를 쓰세요.
(   )

7 예각삼각형을 찾아 기호를 쓰세요.
(   )

8 이등변삼각형이면서 예각삼각형인 것을 찾아
기호를 쓰세요.
(   )

9 삼각형에 대한 설명 중 잘못된 것을 찾아 기호
를 쓰세요.

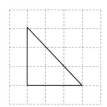

㉠ 한 각이 직각이므로 직각삼각형입니다.
㉡ 두 변의 길이가 같으므로 정삼각형입니다.

(   )

10 정삼각형은 예각삼각형, 둔각삼각형 중에서 어떤
삼각형일까요?

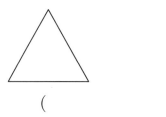

(   )

융합형

11 삼각형을 분류하여 빈칸에 알맞게 기호를 써넣
으세요.

	예각 삼각형	둔각 삼각형	직각 삼각형
이등변삼각형			
세 변의 길이가 모두 다른 삼각형			

이등변삼각형과 정삼각형 찾기

이등변삼각형: 두 변의 길이가 같습니다.
정삼각형: 세 변의 길이가 같습니다.

1 이등변삼각형을 모두 찾아 색칠하여 보세요.

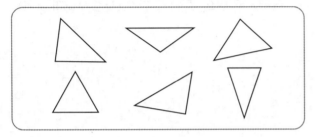

2 정삼각형을 모두 찾아 색칠하여 보세요.

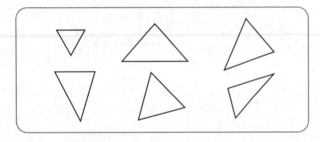

3 이등변삼각형과 정삼각형은 각각 몇 개일까요?

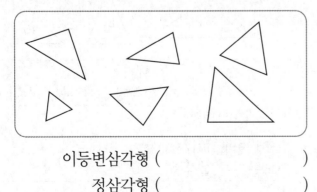

이등변삼각형 (   )
정삼각형 (   )

예각삼각형과 둔각삼각형 만들기

예각삼각형 만들기: 예각이 아닌 각이 있으면 나누기
둔각삼각형 만들기: 둔각인 부분을 남기고 나머지 각
을 나누기

4 도형을 잘라 예각삼각형이 2개가 되도록 선을
그어 보세요.

5 도형을 잘라 둔각삼각형이 2개가 되도록 선을
그어 보세요.

6 도형을 잘라 예각삼각형 1개와 둔각삼각형 1개
가 되도록 선을 그어 보세요.

응용 유형 3 정삼각형 그리기

㉘ 컴퍼스를 사용하여 정삼각형 그리기

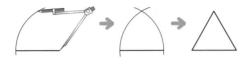

주어진 선분의 길이를 반지름으로 하는 원의 일부를 선분의 양 끝점에서 그려서 만나는 점과 잇습니다.

7 주어진 변을 한 변으로 하여 정삼각형을 그려 보세요.

8 주어진 변을 한 변으로 하여 정삼각형을 그려 보세요.

9 주어진 변을 한 변으로 하여 정삼각형을 그려 보세요.

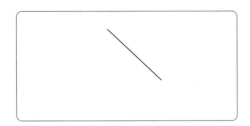

응용 유형 4 이등변삼각형에서 한 변의 길이 구하기

① 길이가 같은 두 변의 길이의 합을 구합니다.
→ (세 변의 길이의 합)―(주어진 한 변의 길이)
② 한 변의 길이를 구합니다.
→ (길이가 같은 두 변의 길이의 합)÷2

10 삼각형 ㄱㄴㄷ은 이등변삼각형입니다. 이 삼각형의 세 변의 길이의 합이 20 cm라면 변 ㄱㄷ의 길이는 몇 cm일까요?

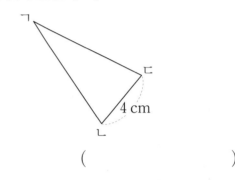

( )

11 삼각형 ㄱㄴㄷ은 이등변삼각형입니다. 이 삼각형의 세 변의 길이의 합이 32 cm라면 변 ㄱㄴ의 길이는 몇 cm일까요?

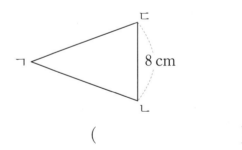

( )

12 삼각형 ㄱㄴㄷ은 이등변삼각형입니다. 이 삼각형의 세 변의 길이의 합이 23 cm라면 변 ㄱㄴ의 길이는 몇 cm일까요?

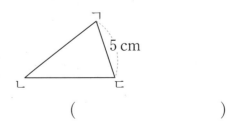

( )

응용 유형 5 삼각형의 이름 모두 찾기

- 두 각의 크기가 같으면 이등변삼각형, 세 각의 크기가 같으면 정삼각형
- 세 각이 예각이면 예각삼각형, 한 각이 둔각이면 둔각삼각형, 한 각이 직각이면 직각삼각형

13 삼각형의 이름이 될 수 있는 것을 모두 찾아 ○표 하세요.

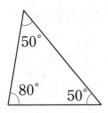

이등변삼각형　　정삼각형
예각삼각형　　둔각삼각형　　직각삼각형

14 삼각형의 이름이 될 수 있는 것을 모두 찾아 ○표 하세요.

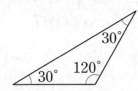

이등변삼각형　　정삼각형
예각삼각형　　둔각삼각형　　직각삼각형

15 삼각형의 이름이 될 수 있는 것을 모두 찾아 ○표 하세요.

이등변삼각형　　정삼각형
예각삼각형　　둔각삼각형　　직각삼각형

응용 유형 6 이등변삼각형에서 ㉠의 크기 구하기

① 두 각의 크기가 같음을 이용하여 ㉡의 크기를 구합니다.
② ㉠=180°−㉡

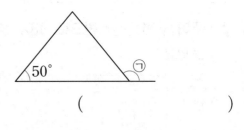

16 도형은 이등변삼각형입니다. ㉠의 크기를 구하세요.

（　　　　　）

17 도형은 이등변삼각형입니다. ㉠의 크기를 구하세요.

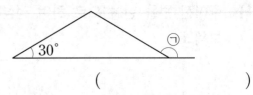

（　　　　　）

18 도형은 이등변삼각형입니다. ㉠의 크기를 구하세요.

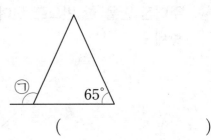

（　　　　　）

응용 유형 7 이등변삼각형이 될 수 있는 조건 찾기

① 삼각형의 세 각의 크기의 합이 180°임을 이용하여 나머지 한 각의 크기를 구합니다.
② 두 각의 크기가 같은 삼각형은 이등변삼각형입니다.

19 삼각형의 세 각 중에서 두 각의 크기를 나타낸 것입니다. 이등변삼각형이 될 수 있는 것에 모두 ○표 하세요.

| 40°, 80° | 90°, 45° | 100°, 40° |

(   )   (   )   (   )

20 삼각형의 세 각 중에서 두 각의 크기를 나타낸 것입니다. 이등변삼각형이 될 수 있는 것에 모두 ○표 하세요.

| 25°, 130° | 70°, 55° | 95°, 60° |

(   )   (   )   (   )

21 삼각형의 세 각 중에서 두 각의 크기를 나타낸 것입니다. 이등변삼각형이 될 수 있는 것에 모두 ○표 하세요.

| 110°, 30° | 60°, 60° | 140°, 20° |

(   )   (   )   (   )

응용 유형 8 크고 작은 삼각형의 개수 구하기

크고 작은 삼각형의 개수를 구할 때에는 작은 삼각형 1개짜리, 2개짜리, 3개짜리……로 나누어서 구합니다.

22 그림에서 찾을 수 있는 크고 작은 예각삼각형은 모두 몇 개일까요?

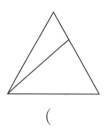

(   )

23 그림에서 찾을 수 있는 크고 작은 둔각삼각형은 모두 몇 개일까요?

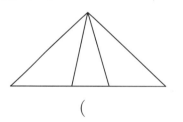

(   )

24 그림에서 찾을 수 있는 크고 작은 정삼각형은 모두 몇 개일까요?

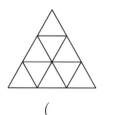

(   )

서술형의 힘

1-1 도형이 이등변삼각형이 <u>아닌</u> 이유를 설명해 보세요.

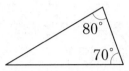

(1) 나머지 한 각의 크기는 몇 도일까요?

(   )

(2) 크기가 같은 두 각이 있을까요, 없을까요?

(   )

(3) 이등변삼각형이 아닌 이유를 쓰세요.

이유 나머지 한 각의 크기가

_____

1-2 도형이 이등변삼각형이 <u>아닌</u> 이유를 설명해 보세요. [5점]

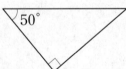

설명

2-1 삼각형의 두 각의 크기를 나타낸 것입니다. 이 삼각형은 예각삼각형, 둔각삼각형 중에서 어떤 삼각형일까요?

55°, 80°

(1) 나머지 한 각의 크기는 몇 도일까요?

(   )

(2) 이 삼각형은 예각삼각형, 둔각삼각형 중에서 어떤 삼각형일까요?

(   )

2-2 삼각형의 두 각의 크기를 나타낸 것입니다. 이 삼각형은 예각삼각형, 둔각삼각형 중에서 어떤 삼각형인지 풀이 과정을 쓰고 답을 구하세요. [5점]

40°, 30°

풀이

답 _____

문제 해결력 **서술형** ≫

3-1 수용이는 직사각형 모양의 종이를 반으로 접은 다음 선을 따라 자른 후 펼쳤습니다. ㉡의 크기는 몇 도일까요?

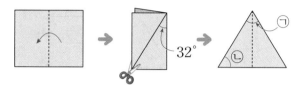

(1) 자른 후 펼친 삼각형은 어떤 삼각형일까요?
( )

(2) ㉠의 크기는 몇 도일까요?
( )

(3) ㉡의 크기는 몇 도일까요?
( )

문제 해결력 **서술형** ≫

4-1 크기가 같은 정삼각형 2개를 변끼리 맞대어 다음과 같은 도형을 만들었습니다. 만든 도형의 네 변의 길이의 합이 20 cm일 때 정삼각형의 한 변의 길이는 몇 cm일까요?

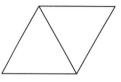

(1) 만든 도형의 네 변의 길이의 합은 정삼각형의 한 변의 길이의 몇 배일까요?
( )

(2) 정삼각형의 한 변의 길이는 몇 cm일까요?
( )

2
단원

삼각형

바로 쓰는 **서술형** ≫

3-2 그림과 같이 직사각형 모양의 종이를 반으로 접은 다음 선을 따라 자른 후 펼쳤습니다. ㉠의 크기는 몇 도인지 풀이 과정을 쓰고 답을 구하세요. [5점]

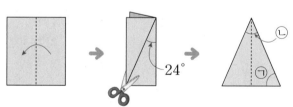

풀이

바로 쓰는 **서술형** ≫

4-2 크기가 같은 정삼각형 3개를 변끼리 맞대어 다음과 같은 도형을 만들었습니다. 만든 도형 ㄱㄴㄷㄹ의 네 변의 길이의 합이 30 cm일 때 정삼각형의 한 변의 길이는 몇 cm인지 풀이 과정을 쓰고 답을 구하세요. [5점]

풀이

답 _____

답 _____

1 오른쪽 삼각형을 보고 □ 안에 알맞은 말을 써넣으세요.

세 각이 모두 □각이므로

_____ 입니다.

2 이등변삼각형인 것에 ○표 하세요.

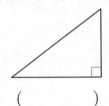

(   )

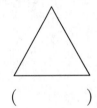

(   )

3 이등변삼각형입니다. □ 안에 알맞은 수를 써넣으세요.

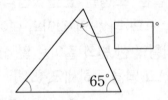

4 정삼각형을 모두 찾아 기호를 쓰세요.

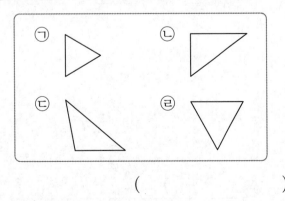

(   )

5 정삼각형입니다. □ 안에 알맞은 수를 써넣으세요.

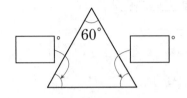

6 변 ㄱㄴ을 한 변으로 하는 둔각삼각형을 그리려고 합니다. 점 ㄱ과 점 ㄴ을 어느 점과 선분으로 이어야 할까요?

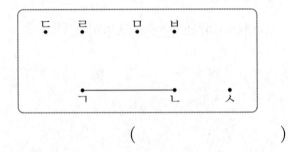

(   )

7 오른쪽 삼각형의 이름이 될 수 있는 것을 모두 찾아 ○표 하세요.

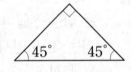

이등변삼각형	정삼각형
예각삼각형 둔각삼각형	직각삼각형

8 직사각형 모양의 종이를 점선을 따라 자르면 예각삼각형은 몇 개 생길까요?

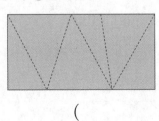

(   )

9 이등변삼각형이면서 예각삼각형인 것을 찾아 기호를 쓰세요.

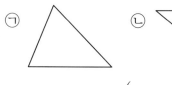

( )

10 □ 안에 알맞은 수를 써넣으세요.

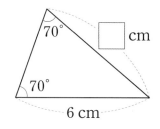

11 각도기와 자를 사용하여 정삼각형을 그려 보세요.

12 보기 에서 설명하는 도형을 그려 보세요.

보기
• 두 변의 길이가 같습니다.
• 한 각이 둔각입니다.

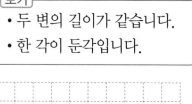

13 이등변삼각형입니다. □ 안에 알맞은 수를 써넣으세요.

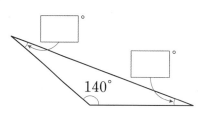

14 도형을 잘라 예각삼각형 1개와 둔각삼각형 1개가 되도록 선을 그어 보세요.

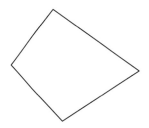

15 정후는 미술 시간에 길이가 48 cm인 철사를 남기거나 겹치는 부분이 없도록 구부려서 정삼각형을 한 개 만들었습니다. 정후가 만든 정삼각형의 한 변의 길이는 몇 cm일까요?

( )

16 이등변삼각형입니다. ㉠의 크기는 몇 도일까요?

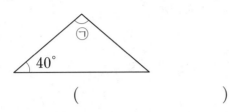

(   )

17 삼각형 ㄱㄴㄷ은 정삼각형입니다. ☐ 안에 알맞은 수를 써넣으세요.

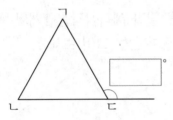

18 크기와 모양이 같은 이등변삼각형 2개를 변끼리 맞대어 다음과 같은 도형을 만들었습니다. 만든 도형의 네 변의 길이의 합이 42 cm일 때 변 ㄹㄷ의 길이는 몇 cm일까요?

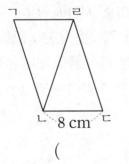

(   )

서술형

19 이등변삼각형입니다. 세 변의 길이의 합은 몇 cm인지 풀이 과정을 쓰고 답을 구하세요.

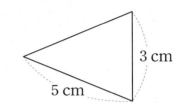

풀이 _____

_____

_____

_____

답 _____

서술형

20 삼각형 모양인 헝겊의 일부가 찢어졌습니다. 처음 헝겊의 모양은 예각삼각형, 직각삼각형, 둔각삼각형 중에서 어떤 삼각형이었는지 풀이 과정을 쓰고 답을 구하세요.

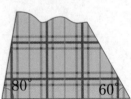

풀이 _____

_____

_____

_____

답 _____

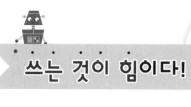

쓰는 것이 힘이다!

2단원 수학일기

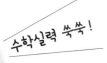

수학실력 쑥쑥!

월	일	요일	이름

☆ 2단원에서 배운 내용을 친구들에게 설명하듯이 써 봐요.

☆ 2단원에서 배운 내용이 실생활에서 어떻게 쓰이고 있는지 찾아 써 봐요.

칭찬 & 격려해 주세요.

➔ QR코드를 찍으면 예시 답안을 볼 수 있어요.

3 소수의 덧셈과 뺄셈

교과서 개념 카툰

이미 배운 내용	이번에 배우는 내용	앞으로 배울 내용
[3-1] 6. 분수와 소수	✔ 소수 두 자리 수, 소수 세 자리 수 ✔ 소수 사이의 관계 ✔ 소수의 크기 비교 ✔ 소수의 덧셈과 뺄셈	[5-2] 1. 분수와 소수 [5-2] 4. 소수의 곱셈 [5-2] 5. 소수의 나눗셈

개념 카툰 ③ 소수의 덧셈

개념 카툰 ④ 소수의 뺄셈

개념의 힘

개념 1 소수 두 자리 수를 알아볼까요

1. 0.01 알아보기

→ 빨간색 화살표로 표시된 부분: 0.01

0 0.1 0.2 0.3 0.4 0.5 0.6 0.7 0.8 0.9 1

$\frac{1}{100} = 0.01$

쓰기 0.01
읽기 영 점 영일

✔참고 $1\,cm = \frac{1}{100}\,m = 0.01\,m$

2. 0.35 알아보기 → 1보다 작은 소수 두 자리 수

$\frac{35}{100} = 0.35$

쓰기 0.35
읽기 영 점 삼오

3. 1.27 알아보기 → 1보다 큰 소수 두 자리 수

1.27은 **일 점 이칠**이라고 읽습니다.

일의 자리		소수 첫째 자리	소수 둘째 자리
1	.		
0	.	2	
0	.	0	7

1: 일의 자리 숫자, 나타내는 수는 1
2: 소수 첫째 자리 숫자, 나타내는 수는 0.2
7: 소수 둘째 자리 숫자, 나타내는 수는 0.07

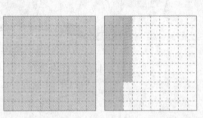

1.27은 1이 1개, 0.1이 2개, 0.01이 7개

개념 확인하기

[1~2] 모눈종이 전체 크기가 1이라고 할 때 물음에 답하세요.

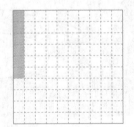

1 모눈 한 칸의 크기를 분수와 소수로 각각 나타내세요.

분수 ( )

소수 ( )

2 색칠한 부분의 크기를 소수로 나타내세요.

( )

[3~5] 소수를 보고 □ 안에 알맞은 수나 말을 써넣으세요.

1.48

3 1은 ☐ 의 자리 숫자이고 ☐ 을/를 나타냅니다.

4 4는 ☐ 자리 숫자이고 ☐ 을/를 나타냅니다.

5 8은 ☐ 자리 숫자이고 ☐ 을/를 나타냅니다.

개념 다지기

1 모눈종이 전체 크기가 1이라고 할 때 색칠한 부분의 크기를 소수로 나타내세요.

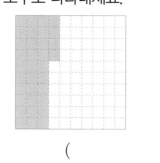

(   )

2 소수를 읽어 보세요.

(1) 0.29

(   )

(2) 5.16

(   )

3 관계있는 것끼리 선으로 이어 보세요.

| 0.01이 5개인 수 | • | | • | 0.64 |

| $\dfrac{64}{100}$ | • | | • | 0.05 |

| 영 점 팔오 | • | | • | 0.85 |

4 수직선을 보고 □ 안에 알맞은 소수를 써넣으세요.

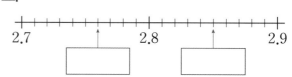

5 수를 보고 각 자리 숫자와 나타내는 수를 알아보고 빈칸에 알맞은 수를 써넣으세요.

6.38

	일의 자리	소수 첫째 자리	소수 둘째 자리
숫자	6		
나타내는 수		0.3	

6 다음이 나타내는 소수를 쓰세요.

1이 3개, 0.1이 7개, 0.01이 4개인 수

(   )

개념 2 소수 세 자리 수를 알아볼까요

1. 0.001 알아보기

$$\frac{1}{1000}=0.001$$

쓰기 0.001

읽기 **영 점 영영일**

☑ 참고 $1\,m = \dfrac{1}{1000}\,km = 0.001\,km$

• 0.1, 0.01, 0.001 알아보기

0.1   0.01   0.001

2. 0.284 알아보기 → 1보다 작은 소수 세 자리 수

$$\frac{284}{1000}=0.284$$

쓰기 0.284

읽기 **영 점 이팔사**

3. 3.526 알아보기 → 1보다 큰 소수 세 자리 수

3.526은 **삼 점 오이육**이라고 읽습니다.

일의 자리		소수 첫째 자리	소수 둘째 자리	소수 셋째 자리
3	.			
0	.	5		
0	.	0	2	
0	.	0	0	6

3: 일의 자리 숫자, 나타내는 수는 3
5: 소수 첫째 자리 숫자, 나타내는 수는 0.5
2: 소수 둘째 자리 숫자, 나타내는 수는 0.02
6: 소수 셋째 자리 숫자, 나타내는 수는 0.006

개념 확인하기

1 □ 안에 알맞은 수를 써넣으세요.

전체를 똑같이 1000으로 나눈 것 중의 1을

분수로 $\dfrac{1}{\boxed{}}$, 소수로 $\boxed{}$ 이라

고 나타냅니다.

2 □ 안에 알맞은 소수를 써넣으세요.

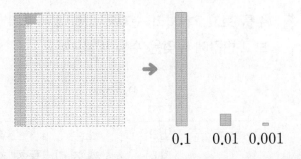

7.32   7.33   7.34

3 소수를 읽어 보세요.

0.439

(   )

4 소수를 보고 빈칸에 각 자리 숫자를 알맞게 써넣으세요.

7.126

일의 자리		소수 첫째 자리	소수 둘째 자리	소수 셋째 자리
	.	1		

개념 다지기

1 □ 안에 알맞은 소수를 써넣고, 읽어 보세요.

(1) $\dfrac{2}{1000}$ = ⬜

(   )

(2) $\dfrac{831}{1000}$ = ⬜

(   )

2 소수를 보고 □ 안에 알맞은 수나 말을 써넣으세요.

5.473

(1) 5는 ⬜ 의 자리 숫자이고 5를 나타냅니다.

(2) 3은 소수 ⬜ 자리 숫자이고

⬜ 을/를 나타냅니다.

3 다음이 나타내는 소수를 쓰세요.

(1)
1이 6개, 0.1이 2개, 0.01이 4개, 0.001이 9개인 수

(   )

(2)
1이 21개, 0.1이 5개, 0.001이 3개인 수

(   )

[4~5] 5가 나타내는 수를 쓰세요.

4
12.195   →   ＿＿＿＿＿＿＿

5
0.354   →   ＿＿＿＿＿＿＿

6 소수를 바르게 읽지 못한 것을 찾아 기호를 쓰고 바르게 읽어 보세요.

㉠ 0.028: 영 점 영이팔
㉡ 99.013: 구구 점 영일삼

(   ), (   )

7 은수는 623 m를 달렸습니다. 은수가 달린 거리는 몇 km인지 소수로 나타내세요.

(   )

개념 3 소수 사이의 관계를 알아볼까요 / 소수의 크기를 비교해 볼까요

1. 소수 사이의 관계

(1) 1, 0.1, 0.01, 0.001의 관계

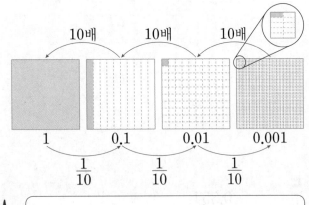

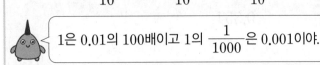

1은 0.01의 100배이고 1의 $\frac{1}{1000}$은 0.001이야.

(2) 소수 사이의 관계

소수점을 기준으로 수가 왼쪽으로 한 자리 이동합니다.

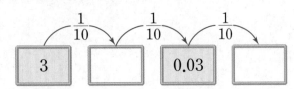

소수점을 기준으로 수가 오른쪽으로 한 자리 이동합니다.

2. 소수의 크기 비교

(1) 0.24와 0.35의 크기 비교

0.24 $<$ 0.35

(2) 0.2와 0.20의 크기 비교

$0.2 = 0.20$　소수는 필요한 경우 오른쪽 끝자리에 0을 붙여서 나타낼 수 있습니다.

3. 두 소수의 크기를 비교하는 방법

| 소수 첫째 자리 | 0.327 $>$ 0.194 |

⬇ 소수 첫째 자리 수가 같다면

| 소수 둘째 자리 | 2.523 $<$ 2.547 |

⬇ 소수 둘째 자리 수가 같다면

| 소수 셋째 자리 | 1.982 $<$ 1.983 |

개념 확인하기

1 빈칸에 알맞은 수를 써넣으세요.

$\frac{1}{10}$　$\frac{1}{10}$　$\frac{1}{10}$

| 3 | | 0.03 | |

2 알맞은 수에 ○표 하세요.

(1) 0.54의 10배는 (0.054 , 5.4)

(2) 14.6의 $\frac{1}{100}$은 (1.46 , 0.146)

3 전체 크기가 1인 모눈종이를 이용해서 ○ 안에 >, =, <를 알맞게 써넣으세요.

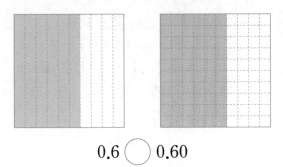

0.6 ◯ 0.60

4 두 수의 크기를 비교하여 ○ 안에 >, =, <를 알맞게 써넣으세요.

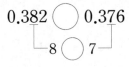

0.382 ◯ 0.376
┗ 8 ◯ 7 ┛

개념 다지기

1 모눈종이 전체 크기가 1이라고 할 때 색칠한 부분의 크기를 비교하여 ○ 안에 >, =, <를 알맞게 써넣으세요.

 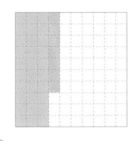

$$0.41 \bigcirc 0.37$$

2 □ 안에 알맞은 수를 써넣으세요.

(1) 0.026의 10배는 [   ]이고

0.026의 100배는 [   ]입니다.

(2) 1.9의 $\frac{1}{10}$은 [   ]이고

1.9의 $\frac{1}{100}$은 [   ]입니다.

3 0.83과 같은 수에 ○표 하세요.

0.083의 100배	8.3의 $\frac{1}{10}$
( )	( )

4 두 수의 크기를 비교하여 ○ 안에 >, =, <를 알맞게 써넣으세요.

(1) $0.79 \bigcirc 0.790$

(2) $6.423 \bigcirc 6.426$

5 □ 안에 알맞은 분수를 써넣으세요.

(1)

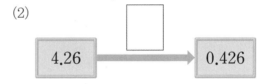

1.7 → [   ] → 0.017

(2)

4.26 → [   ] → 0.426

6 집에서 학교까지 거리는 0.528 km이고 집에서 놀이터까지 거리는 0.194 km입니다. 학교와 놀이터 중 집에서 더 가까운 곳은 어느 곳일까요?

(   )

유형 1 소수 두 자리 수

소수를 읽어 보세요.

12.12

( )

유형 코칭

소수 두 자리 수 알아보기

8.23

— 일의 자리 숫자, 나타내는 수: 8
— 소수 첫째 자리 숫자, 나타내는 수: 0.2
— 소수 둘째 자리 숫자, 나타내는 수: 0.03

1 전체 크기가 1인 모눈종이에 색칠한 부분을 소수로 나타내세요.

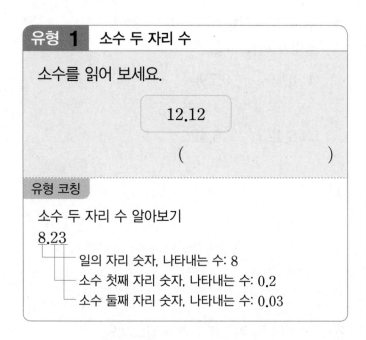

( )

2 관계있는 것끼리 선으로 이어 보세요.

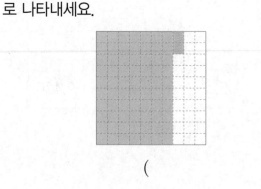

0.27	•	•	영 점 이칠
0.01이 31개인 수	•	•	$\dfrac{24}{100}$
0.24	•	•	0.31

3 7이 0.07을 나타내는 것을 찾아 쓰세요.

65.07   53.74

( )

4 다음 리본의 길이는 몇 m인지 소수로 쓰세요.

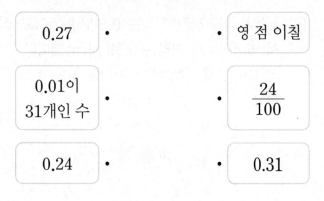

0 0.1 0.2 0.3 0.4 0.5 0.6 0.7 0.8 0.9 1m

[ ] m

5 다음을 소수 두 자리 수로 나타내세요.

10이 3개, $\dfrac{1}{10}$이 5개, $\dfrac{1}{100}$이 1개인 수

( )

6 승주의 몸무게는 <u>사십 점 영팔</u> kg입니다. 승주의 몸무게를 소수로 나타내세요.

( ) kg

유형 2 소수 세 자리 수

소수를 보고 □ 안에 알맞은 수나 말을 써넣으세요.

$$7.832$$

2는 [   ] 자리 숫자이고

[   ] 을/를 나타냅니다.

유형 코칭

소수 세 자리 수 알아보기

0.347

└─ 소수 첫째 자리 숫자, 나타내는 수: 0.3
└─ 소수 둘째 자리 숫자, 나타내는 수: 0.04
└─ 소수 셋째 자리 숫자, 나타내는 수: 0.007

7 ㉠이 나타내는 소수를 구하세요.

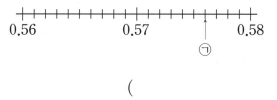

(   )

8 8이 나타내는 수를 쓰세요.

$$0.148$$

(   )

9 다음이 나타내는 수를 소수로 쓰세요.

$$\frac{1}{1000} \text{이 24개인 수}$$

(   )

10 소수 셋째 자리 숫자가 가장 큰 소수를 찾아 쓰세요.

| 0.287 | 2.905 | 1.038 |

(   )

11 빈칸에 알맞은 수를 써넣으세요.

12 1이 1개, $\frac{1}{10}$이 6개, $\frac{1}{1000}$이 7개인 소수 세 자리 수를 쓰세요.

(   )

유형 **3**　소수 사이의 관계

빈칸에 알맞은 수를 써넣으세요.

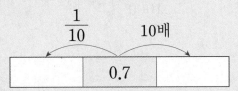

$\frac{1}{10}$　　10배

| | 0.7 | |

유형 코칭

- 10배: 소수점을 기준으로 수가 왼쪽으로 한 자리 이동합니다. 예 0.12의 10배 ➡ 1.2

- $\frac{1}{10}$: 소수점을 기준으로 수가 오른쪽으로 한 자리 이동합니다. 예 0.12의 $\frac{1}{10}$ ➡ 0.012

13 □ 안에 알맞은 수를 써넣으세요.

8의 $\frac{1}{100}$ 은 [　　] 입니다.

14 잘못 말한 사람의 이름을 쓰세요.

준호: 0.254의 10배는 2.54입니다.
소희: 4.162의 100배는 41.62입니다.

(　　　　　　　　)

15 나머지와 다른 수를 찾아 기호를 쓰세요.

㉠ 162.5의 $\frac{1}{100}$

㉡ 1.625의 100배

㉢ 0.1625의 10배

(　　　　　　　　)

[16~17] □ 안에 알맞은 수를 써넣으세요.

16 3.6은 0.036의 [　　] 배입니다.

17 20은 0.02의 [　　] 배입니다.

창의 · 융합

18 마법 주머니에 들어갔다 나오면 길이가 $\frac{1}{10}$ 이 됩니다. 영은이가 8.5 cm인 막대 사탕을 1번 들어갔다 나오게 했습니다. 지금 영은이의 막대 사탕의 길이는 몇 cm일까요?

(　　　　　　　　)

유형 4 소수의 크기 비교

두 수의 크기를 비교하여 ◯ 안에 >, =, < 를 알맞게 써넣으세요.

(1) 1.046 ◯ 1.051

(2) 3.69 ◯ 3.196

유형 코칭

(1) 소수 첫째 자리 수가 클수록 더 큰 수입니다.

例 0.83 < 0.91
    └8<9┘

(2) 소수 첫째 자리 수가 같으면 소수 둘째 자리 수를 비교합니다.

例 0.249 > 0.236
    └4>3┘

19 모눈종이 전체 크기가 1이라고 할 때 모눈종이에 두 소수를 나타내고, 크기를 비교하여 ◯ 안에 >, =, < 를 알맞게 써넣으세요.

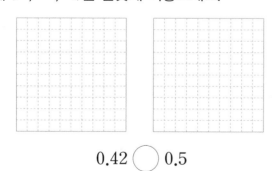

0.42 ◯ 0.5

20 더 큰 소수를 찾아 쓰세요.

| 2.859 | 2.851 |

( )

21 소수에서 생략할 수 있는 0을 찾아 [보기]와 같이 나타내세요.

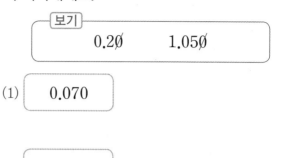

(1) 0.070

(2) 14.090

22 3.6보다 작은 수에 △표 하세요.

3.61   3.476   3.74

23 초콜릿 우유가 0.55 L, 딸기 우유가 0.548 L 있습니다. 초콜릿 우유와 딸기 우유 중에서 더 많이 있는 우유는 무엇일까요?

( )

24 두 소수의 크기를 비교하여 ◯ 안에 >, =, < 를 알맞게 써넣고 ☐ 안에 알맞은 수를 써넣으세요.

0.55 ◯ 0.7

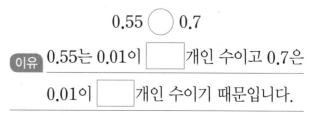

이유 0.55는 0.01이 ☐ 개인 수이고 0.7은

0.01이 ☐ 개인 수이기 때문입니다.

개념 4 소수 한 자리 수의 덧셈을 해 볼까요 / 소수 한 자리 수의 뺄셈을 해 볼까요

1. 소수 한 자리 수의 덧셈

(1) $0.3+0.4$의 계산 → 받아올림이 없는 덧셈

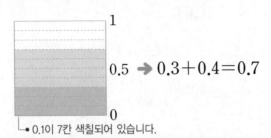

→ $0.3+0.4=0.7$

↳ 0.1이 7칸 색칠되어 있습니다.

(2) $0.7+0.5$의 계산 → 받아올림이 있는 덧셈

① 수직선에서 알아보기

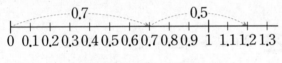

$$0.7+0.5=1.2$$

② 세로셈으로 계산하기

0.7은 0.1이 7개
0.5는 0.1이 5개
→ $0.7+0.5$는 0.1이 12개이므로 1.2입니다.

```
      1
   0 . 7
 + 0 . 5
 ────────
   1 . 2
```

2. 소수 한 자리 수의 뺄셈

(1) $0.7-0.2$의 계산 → 받아내림이 없는 뺄셈

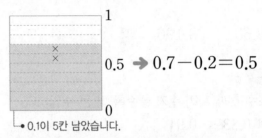

→ $0.7-0.2=0.5$

↳ 0.1이 5칸 남았습니다.

(2) $3.2-1.7$의 계산 → 받아내림이 있는 뺄셈

① 수직선으로 알아보기

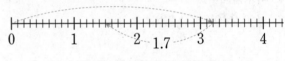

$$3.2-1.7=1.5$$

② 세로셈으로 계산하기

3.2는 0.1이 32개
1.7은 0.1이 17개
→ $3.2-1.7$은 0.1이 15개이므로 1.5입니다.

```
     2   10
   3 . 2
 - 1 . 7
 ────────
   1 . 5
```

개념 확인하기

1 수직선을 보고 □ 안에 알맞은 수를 써넣으세요.

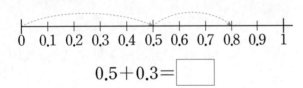

$$0.5+0.3=\boxed{}$$

3 그림을 보고 □ 안에 알맞은 수를 써넣으세요.

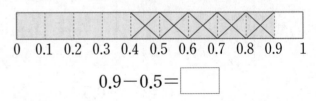

$$0.9-0.5=\boxed{}$$

2 □ 안에 알맞은 수를 써넣으세요.

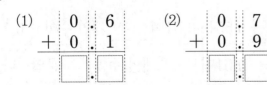 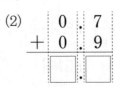

(1)
```
   0 . 6
 + 0 . 1
 ────────
   □ . □
```

(2)
```
   0 . 7
 + 0 . 9
 ────────
   □ . □
```

4 □ 안에 알맞은 수를 써넣으세요.

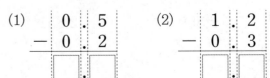

(1)
```
   0 . 5
 - 0 . 2
 ────────
   □ . □
```

(2)
```
   1 . 2
 - 0 . 3
 ────────
   □ . □
```

개념 다지기

1 수직선을 보고 □ 안에 알맞은 수를 써넣으세요.

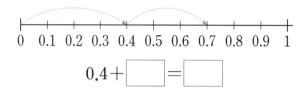

$$0.4 + \boxed{} = \boxed{}$$

2 모눈종이 전체 크기가 1이라고 할 때 그림을 보고 □ 안에 알맞은 수를 써넣으세요.

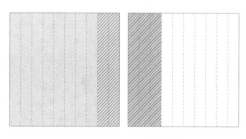

$$1.3 - 0.5 = \boxed{}$$

3 계산해 보세요.

(1)
$$\begin{array}{r} 0.7 \\ +\,1.8 \\ \hline \end{array}$$

(2)
$$\begin{array}{r} 1.6 \\ -\,0.9 \\ \hline \end{array}$$

(3) $3.5 + 2.9$

(4) $4.3 - 3.8$

4 빈칸에 알맞은 수를 써넣으세요.

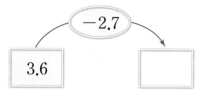

$$\boxed{3.6} \xrightarrow{\;-2.7\;} \boxed{}$$

5 계산 결과가 같은 것끼리 선으로 이어 보세요.

| $0.8 - 0.2$ | • | • | $1.1 - 0.7$ |
| $2 - 1.6$ | • | • | $1.3 - 0.7$ |

6 크기를 비교하여 ○ 안에 >, =, <를 알맞게 써넣으세요.

(1) $\boxed{3.4 + 1.8} \;\bigcirc\; \boxed{5.3}$

(2) $\boxed{1.4 - 0.8} \;\bigcirc\; \boxed{0.5}$

7 은진이는 무게가 0.6 kg인 운동화를 무게가 0.2 kg인 빈 상자에 담았습니다. 운동화가 담긴 상자의 무게는 몇 kg일까요?

식 _____

답 _____

개념 5 소수 두 자리 수의 덧셈을 해 볼까요 / 소수 두 자리 수의 뺄셈을 해 볼까요

1. 소수 두 자리 수의 덧셈

(1) 소수 두 자리 수의 덧셈

$$
\begin{array}{c}
\overset{\overset{1}{}}{0}.3\ 6 \\
+\ 0.4\ 8 \\
\hline
0.8\ 4
\end{array}
$$

(2) 자릿수가 다른 소수의 덧셈

① 그림으로 알아보기

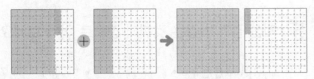

$$0.74 + 0.3 = 1.04$$

② 세로셈으로 계산하기

$$
\begin{array}{c}
\overset{1}{} \\
0.7\ 4 \\
+\ 0.3 \\
\hline
1.0\ 4
\end{array}
$$

2. 소수 두 자리 수의 뺄셈

(1) 소수 두 자리 수의 뺄셈

$$
\begin{array}{c}
0.\overset{5}{\cancel{6}}\ \overset{10}{4} \\
-\ 0.2\ 7 \\
\hline
0.3\ 7
\end{array}
$$

(2) 자릿수가 다른 소수의 뺄셈

① 그림으로 알아보기

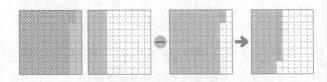

$$1.3 - 0.82 = 0.48$$

② 세로셈으로 계산하기

$$
\begin{array}{c}
\overset{0}{\cancel{1}}.\overset{12}{\cancel{3}}\ \overset{10}{0} \\
-\ 0.8\ 2 \\
\hline
0.4\ 8
\end{array}
$$

개념 확인하기

1 그림을 보고 □ 안에 알맞은 수를 써넣으세요.

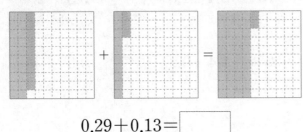

$$0.29 + 0.13 = \boxed{}$$

3 모눈종이 전체 크기가 1이라고 할 때 그림을 보고 □ 안에 알맞은 수를 써넣으세요.

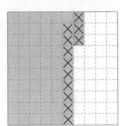

$$0.63 - 0.12 = \boxed{}$$

2 □ 안에 알맞은 수를 써넣으세요.

(1)
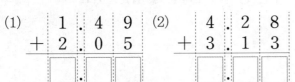

(2)

4 □ 안에 알맞은 수를 써넣으세요.

(1)
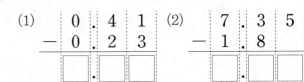

(2)

개념 다지기

1 수직선을 보고 □ 안에 알맞은 수를 써넣으세요.

0 0.1 0.2 0.3 0.4 0.5 0.6 0.7 0.8 0.9 1 1.1

$$1.1-0.25=\boxed{}$$

2 계산해 보세요.

(1)
$$\begin{array}{r} 3.83 \\ +2.49 \\ \hline \end{array}$$

(2)
$$\begin{array}{r} 8.25 \\ -5.7 \\ \hline \end{array}$$

(3) $0.75+1.5$

(4) $1.82-0.56$

3 설명하는 수를 구하세요.

(1) 0.52보다 1.26 큰 수

(   )

(2) 2.14보다 0.23 작은 수

(   )

4 빈칸에 알맞은 수를 써넣으세요.

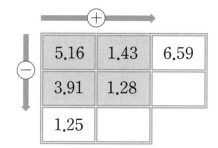

	+	→	
(−)	5.16	1.43	6.59
	3.91	1.28	
	1.25		

5 바르게 계산한 것에 ○표 하세요.

$$\begin{array}{r} 2.53 \\ +1.3 \\ \hline 4.83 \end{array}$$

$$\begin{array}{r} 3.62 \\ +4.29 \\ \hline 7.91 \end{array}$$

(   )   (   )

6 예림이는 길이가 3.95 m인 끈을 가지고 있습니다. 이 끈으로 상자를 묶는 데 2.73 m를 사용하였습니다. 남은 끈의 길이는 몇 m일까요?

식 _____

답 _____

유형 5 소수 한 자리 수의 덧셈

두 수의 합을 구하세요.

| 0.5 | 0.8 |

( )

유형 코칭

0.9+0.2의 계산

$$0.9 \rightarrow 0.1이 9개$$
$$+0.2 \rightarrow 0.1이 2개$$
$$1.1 \rightarrow 0.1이 (9+2)개$$

1 계산해 보세요.

(1)   0.3
    +0.3

(2)   0.7
    +0.4

(3) 0.3+0.5

(4) 0.6+0.6

2 빈칸에 알맞은 수를 써넣으세요.

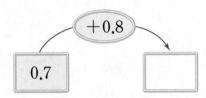

3 계산 결과를 찾아 선으로 이어 보세요.

| 0.3 |
| +0.9 |

| 0.8 |
| +0.8 |

· 1.6
· 1.4
· 1.2

4 빈칸에 알맞은 수를 써넣으세요.

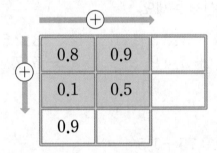

5 다음이 나타내는 소수 한 자리 수와 0.9의 합을 구하세요.

일의 자리 숫자가 5이고 소수 첫째 자리 숫자가 2인 수

( )

6 경민이는 어제 0.4 km, 오늘 0.7 km를 걸었습니다. 경민이가 어제와 오늘 걸은 거리는 모두 몇 km일까요?

식 _____

답 _____

유형 6   소수 한 자리 수의 뺄셈

두 수의 차를 구하세요.

| 0.9   0.6 |

(   )

유형 코칭

$0.9-0.8$의 계산

$$
\begin{array}{r}
0.9 \\
-\ 0.8 \\
\hline
0.1
\end{array}
$$

$0.9 \rightarrow 0.1$이 9개
$-\ 0.8 \rightarrow 0.1$이 8개
$0.1 \rightarrow 0.1$이 $(9-8)$개

7 계산해 보세요.

(1)
$$
\begin{array}{r}
0.4 \\
-\ 0.1 \\
\hline
\end{array}
$$

(2)
$$
\begin{array}{r}
1.2 \\
-\ 0.5 \\
\hline
\end{array}
$$

(3) $0.8-0.5$

8 빈칸에 알맞은 수를 써넣으세요.

(1)

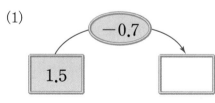

(2)

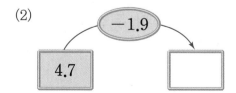

9 계산이 <u>잘못된</u> 곳을 찾아 바르게 계산하세요.

$$
\begin{array}{r}
0.6 \\
-\ 0.3 \\
\hline
3
\end{array}
$$

10 크기를 비교하여 ○ 안에 >, =, <를 알맞게 써넣으세요.

| $1.7-1.3$ | ○ | 0.3 |

11 가장 큰 수와 가장 작은 수의 차를 구하세요.

| 1.2 | | 2 | | 1.5 |

(   )

12 정우가 미술 시간에 찰흙 2.5 kg 중 1.8 kg을 사용했습니다. 남은 찰흙은 몇 kg일까요?

식 _____

답 _____

유형 7 소수 두 자리 수의 덧셈

계산해 보세요.

$$1.16 + 0.32 = \boxed{}$$

유형 코칭

· 0.47+0.15의 계산

```
    1
  0.4 7
+ 0.1 5
  0.6 2
```
1+4+1=6 ┘ │
       7+5=12

· 3.2+1.83의 계산

```
    1
  3.2
+ 1.8 3
  5.0 3
```
       ┘ 2+8=10
1+3+1=5

13 □ 안에 알맞은 수를 써넣으세요.

0.23은 0.01이 □ 개입니다.

1.45는 0.01이 □ 개입니다.

➡ 0.23+1.45는 0.01이 □ 개이므로

□ 입니다.

14 계산해 보세요.

(1)
```
  0.2 8
+ 0.4 9
```

(2)
```
  4.4
+ 2.7 2
```

(3) 0.15+0.36

15 빈 곳에 알맞은 수를 써넣으세요.

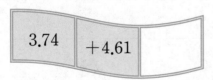

| 3.74 | +4.61 |

16 □ 안에 알맞은 수를 구하세요.

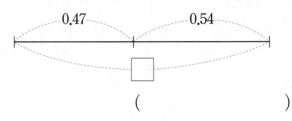

( )

17 계산이 잘못된 곳을 찾아 바르게 계산하고, □ 안에 알맞은 말을 써넣으세요.

```
  0.4 3
+   0.6
  0.4 9
```
➡ □

이유 □ 자리를 잘못 맞추고 계산하

였습니다.

18 5.36보다 1.57 큰 수는 얼마일까요?

( )

19 길이가 0.15 m인 분홍색 철사와 0.97 m인 연두색 철사가 있습니다. 두 철사의 길이의 합은 몇 m일까요?

식 _____

답 _____

유형 8 소수 두 자리 수의 뺄셈

계산해 보세요.

$$5.07 - 1.82 = \boxed{}$$

유형 코칭

·6.32−4.51의 계산	·5.2−1.14의 계산

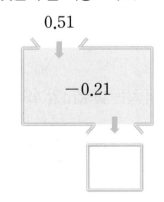

자연수의 뺄셈에서와 같이 소수의 뺄셈도 받아내려서 계산합니다.

20 계산해 보세요.

(1)
```
   0.59
 − 0.38
```

(2)
```
   6.34
 − 2.43
```

(3) 7.41 − 3.8

21 빈칸에 알맞은 수를 써넣으세요.

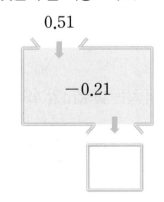

22 두 수의 차를 구하세요.

| 2.31   1.25 |

(   )

23 □ 안에 알맞은 수를 써넣으세요.

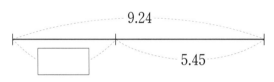

24 계산 결과를 찾아 선으로 이어 보세요.

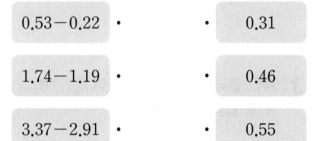

0.53−0.22 ·	· 0.31
1.74−1.19 ·	· 0.46
3.37−2.91 ·	· 0.55

창의·융합

25 두유 1.55 L 중에서 1.37 L를 마셨습니다. 마시고 남은 두유는 몇 L일까요?

식 _____

답 _____

응용 유형의 힘

응용 유형 1 계산 결과의 크기 비교하기

① 소수의 덧셈, 뺄셈을 계산합니다.
② 계산 결과를 비교합니다.

1 계산 결과의 크기를 비교하여 ○ 안에 >, =, <를 알맞게 써넣으세요.

$$0.6+0.8 \bigcirc 0.7+0.6$$

2 계산 결과의 크기를 비교하여 ○ 안에 >, =, <를 알맞게 써넣으세요.

$$1-0.2 \bigcirc 1.8-0.9$$

3 계산 결과의 크기를 비교하여 ○ 안에 >, =, <를 알맞게 써넣으세요.

$$0.46+0.28 \bigcirc 0.91-0.25$$

4 계산 결과의 크기를 비교하여 큰 것부터 차례로 ○ 안에 1, 2, 3을 써넣으세요.

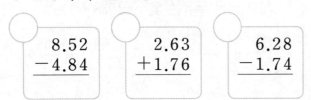

| $\begin{array}{r}8.52\\-4.84\end{array}$ | $\begin{array}{r}2.63\\+1.76\end{array}$ | $\begin{array}{r}6.28\\-1.74\end{array}$ |

응용 유형 2 단위를 맞추어 계산하기

· 100 cm＝1 m ➡ 1 cm＝0.01 m
  ㉖ 63 cm＝0.63 m
· 1000 m＝1 km ➡ 1 m＝0.001 km
  ㉖ 235 m＝0.235 km

5 □ 안에 알맞은 소수를 구하세요.

$$0.16 \text{ m}+23 \text{ cm}=\boxed{} \text{ m}$$

( )

6 □ 안에 알맞은 소수를 구하세요.

$$0.52 \text{ m}-38 \text{ cm}=\boxed{} \text{ m}$$

( )

7 두 거리의 합은 몇 km일까요?

4.6 km, 2500 m

( )

8 두 거리의 차는 몇 km일까요?

7.33 km, 540 m

( )

3
단원

소수의 덧셈과 뺄셈

응용 유형 3 · ㉠이 나타내는 수는 ㉡이 나타내는 수의 몇 배인지 구하기

- 소수점을 기준으로 수가 왼쪽으로 이동하면 10배, 100배, 1000배입니다.
- 소수점을 기준으로 수가 오른쪽으로 이동하면 $\frac{1}{10}$, $\frac{1}{100}$, $\frac{1}{1000}$ 입니다.

9 ㉠이 나타내는 수는 ㉡이 나타내는 수의 몇 배일까요?

(   )

10 ㉠이 나타내는 수는 ㉡이 나타내는 수의 몇 배일까요?

35.195
↑   ↑
㉠   ㉡

(   )

11 ㉡이 나타내는 수는 ㉠이 나타내는 수의 얼마인지 분수로 나타내세요.

69.065
↑   ↑
㉠   ㉡

(   )

응용 유형 4 · 자릿수가 다른 소수의 뺄셈의 활용

① 문제에 알맞은 식을 세웁니다.
② 소수점의 자리를 맞추어 세로로 씁니다.
③ 같은 자리 수끼리 뺍니다.

12 지혜네 냉장고에는 주스가 2.5 L 들어 있습니다. 지혜가 이 주스를 0.45 L 마셨다면 남은 주스는 몇 L일까요?

식 _____

답 _____

13 민진이와 라희는 공을 던졌습니다. 민진이가 던진 공은 4.2 m, 라희가 던진 공은 2.98 m인 지점에 떨어졌다면 민진이는 라희보다 몇 m 더 멀리 공을 던졌을까요?

식 _____

답 _____

14 고구마가 들어 있는 바구니의 무게는 3.23 kg입니다. 빈 바구니의 무게가 0.8 kg일 때 바구니에 들어 있는 고구마의 무게는 몇 kg일까요?

식 _____

답 _____

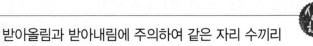

응용 유형 5 □ 안에 들어갈 수 있는 숫자 구하기

① 소수의 덧셈, 뺄셈을 계산합니다.
② 소수의 크기 비교를 이용하여 □ 안에 들어갈 수 있는 숫자를 구합니다.

15 0부터 9까지의 숫자 중에서 □ 안에 들어갈 수 있는 숫자를 모두 구하세요.

$$0.46 + 0.92 > 1.\boxed{}9$$

( )

16 0부터 9까지의 숫자 중에서 □ 안에 들어갈 수 있는 숫자는 모두 몇 개일까요?

$$3.97 + 4.81 < 8.\boxed{}4$$

( )

17 0부터 9까지의 숫자 중에서 □ 안에 들어갈 수 있는 숫자를 모두 구하세요.

$$0.77 - 0.29 > 0.\boxed{}5$$

( )

응용 유형 6 □ 안에 알맞은 숫자 구하기

받아올림과 받아내림에 주의하여 같은 자리 수끼리 계산을 생각해 봅니다.
☑참고 □의 값을 구한 후에는 이 값을 식에 넣어 계산하여 계산 결과가 바르게 나오는지 확인합니다.

18 □ 안에 알맞은 숫자를 써넣으세요.

$$\begin{array}{r} \boxed{}.6\ 6 \\ +\ 1.\boxed{}\ 3 \\ \hline 9.0\ \boxed{} \end{array}$$

19 □ 안에 알맞은 숫자를 써넣으세요.

$$\begin{array}{r} 4.7\ \boxed{} \\ +\ \boxed{}.8\ 7 \\ \hline 8.\ \boxed{} \end{array}$$

20 □ 안에 알맞은 숫자를 써넣으세요.

$$\begin{array}{r} 8.\boxed{}\ 9 \\ -\ 2.8\ \boxed{} \\ \hline \boxed{}.4\ 6 \end{array}$$

응용 유형 7 조건을 만족하는 소수 구하기

① 자연수 부분이 얼마인지 알아봅니다.
  예 2보다 크고 3보다 작은 소수는 2.01, 2.5, 2.99 등 자연수 부분이 2입니다.
② 각 자리에 알맞은 수를 씁니다.

21 조건을 모두 만족하는 소수를 쓰세요.

- 소수 세 자리 수입니다.
- 5보다 크고 6보다 작습니다.
- 소수 첫째 자리 숫자는 0입니다.
- 소수 둘째 자리 숫자는 9입니다.
- 소수 셋째 자리 숫자는 소수 첫째 자리 숫자보다 2 큽니다.

(   )

22 조건을 모두 만족하는 소수를 쓰세요.

- 소수 세 자리 수입니다.
- 7보다 크고 8보다 작습니다.
- 소수 첫째 자리 숫자는 4입니다.
- 소수 둘째 자리 숫자는 5입니다.
- 소수 셋째 자리 숫자는 소수 첫째 자리 숫자의 2배입니다.

(   )

응용 유형 8 바르게 계산한 값 구하기

① 어떤 수를 □라고 합니다.
② □를 사용하여 덧셈식, 뺄셈식을 만듭니다.
③ 덧셈식과 뺄셈식의 관계를 이용하여 □를 구합니다.
④ 바르게 계산한 값을 구합니다.

23 어떤 수에서 0.32를 빼야 할 것을 잘못하여 더했더니 0.74가 되었습니다. 바르게 계산한 값을 구하세요.

(   )

24 어떤 수에 0.25를 더해야 할 것을 잘못하여 뺐더니 0.63이 되었습니다. 바르게 계산한 값을 구하세요.

(   )

25 어떤 수에서 2.78을 빼야 할 것을 잘못하여 더했더니 9.3이 되었습니다. 바르게 계산한 값을 구하세요.

(   )

3 단원

소수의 덧셈과 뺄셈

문제 해결력 **서술형** 》

1-1 설명하는 수를 소수로 쓰고 읽어 보세요.

> 0.1개 4개, 0.01이 15개,
> 0.001이 8개인 수

(1) □ 안에 알맞은 수를 써넣으세요.

- 0.1이 4개이면 □
- 0.01이 15개이면 □
- 0.001이 8개이면 □

(2) 설명하는 수를 소수로 쓰세요.

( )

(3) 위 (2)의 소수를 읽어 보세요.

( )

문제 해결력 **서술형** 》

2-1 가장 무거운 신발과 가장 가벼운 신발의 무게의 차는 몇 kg일까요?

0.84 kg   0.96 kg   0.73 kg

(1) 가장 무거운 신발의 무게는 몇 kg일까요?

( )

(2) 가장 가벼운 신발의 무게는 몇 kg일까요?

( )

(3) 가장 무거운 신발과 가장 가벼운 신발의 무게의 차는 몇 kg일까요?

( )

바로 쓰는 **서술형** 》

1-2 다음에서 설명하는 수는 얼마인지 소수로 쓰고 읽으려고 합니다. 풀이 과정을 쓰고 답을 구하세요. [5점]

> 0.1이 6개, 0.01이 23개, 0.001이 7개인 수

풀이

답 _____, _____

바로 쓰는 **서술형** 》

2-2 과일 한 상자의 무게를 잰 것입니다. 가장 무거운 것과 가장 가벼운 것의 무게의 차는 몇 kg인지 풀이 과정을 쓰고 답을 구하세요. [5점]

키위	방울토마토	딸기
0.79 kg	0.48 kg	0.56 kg

풀이

답 _____

문제 해결력 **서술형** ≫

3-1 다음 그림에서 겹쳐진 부분의 길이는 몇 m인지 구하세요.

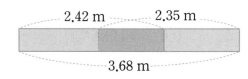

2.42 m   2.35 m

3.68 m

(1) 길이가 각각 2.42 m, 2.35 m인 색 테이프 2장의 길이의 합을 구하세요.

(   )

(2) 이어 붙인 전체 길이는 몇 m일까요?

(   )

(3) 겹쳐진 부분의 길이는 몇 m일까요?

(   )

바로 쓰는 **서술형** ≫

3-2 색 테이프 2장을 겹쳐서 이어 붙였습니다. 겹쳐진 부분의 길이는 몇 m인지 풀이 과정을 쓰고 답을 구하세요. [5점]

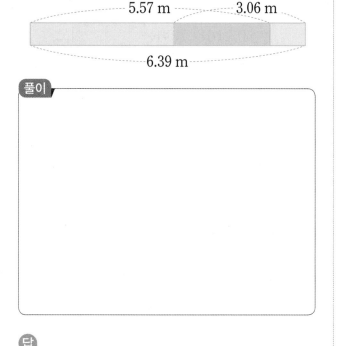

5.57 m   3.06 m

6.39 m

풀이

답 _____

문제 해결력 **서술형** ≫

4-1 카드를 한 번씩 모두 이용하여 소수 두 자리 수를 만들었습니다. 만든 소수 중에서 가장 큰 수와 가장 작은 수의 합을 구하세요.

2   5   1   .

(1) 만든 수 중에서 가장 큰 수를 구하세요.

(   )

(2) 만든 수 중에서 가장 작은 수를 구하세요.

(   )

(3) 소수 두 자리 수 중에서 가장 큰 수와 가장 작은 수의 합을 구하세요.

(   )

바로 쓰는 **서술형** ≫

4-2 카드를 한 번씩 모두 이용하여 소수 두 자리 수를 만들었습니다. 만든 소수 중에서 가장 큰 수와 가장 작은 수의 차는 얼마인지 풀이 과정을 쓰고 답을 구하세요. [5점]

4   3   7   .

풀이

답 _____

1 모눈종이 전체 크기가 1이라고 할 때 색칠한 부분의 크기를 소수로 나타내세요.

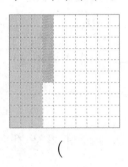

(   )

2 소수를 읽어 보세요.

6.901

(   )

3 소수를 보고 □ 안에 알맞은 수나 말을 써넣으세요.

5.43

4는 소수 □ 자리 숫자이고 □ 을/를 나타냅니다.

4 계산해 보세요.

(1)   0.34
    +0.72

(2)   8.46
     −1.2

5 □ 안에 알맞은 수를 써넣으세요.

0.6은 0.1이 6개
0.5는 0.1이 □ 개
0.6−0.5는 0.1이 □ 개

→ 0.6−0.5= □

6 소수에서 생략할 수 있는 0이 있는 소수를 찾아 기호를 쓰세요.

㉠ 0.007   ㉡ 30.30   ㉢ 1.905

(   )

7 □ 안에 알맞은 수를 써넣으세요.

0.216의 10배는 □ 이고,
0.216의 100배는 □ 입니다.

8 빈 곳에 두 수의 합을 써넣으세요.

3.55
1.62

점수

9 두 수의 크기를 비교하여 ○ 안에 >, =, <를 알맞게 써넣으세요.

0.725 ◯ 0.708

10 □ 안에 알맞은 수를 써넣으세요.

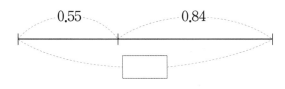

11 7이 나타내는 수가 더 큰 수를 찾아 기호를 쓰세요.

㉠ 2.27   ㉡ 3.701

(   )

12 어머니께서 마트에서 감자를 0.5 kg, 당근을 0.4 kg 사 오셨습니다. 어머니께서 사 오신 감자와 당근은 모두 몇 kg일까요?

식 _____

답 _____

13 □ 안에 알맞은 수를 써넣으세요.

□ − 7.63 = 5.98

14 찬수네 집에서 학교까지의 거리는 3.24 km입니다. 집에서 학교까지 가는 데 2.83 km는 마을버스를 타고 가고 나머지는 모두 걸어갔습니다. 걸어간 거리는 몇 km일까요?

식 _____

답 _____

15 가장 큰 수와 가장 작은 수의 합에서 나머지 수를 뺀 값은 얼마일까요?

7.91   4.12   8.4

(   )

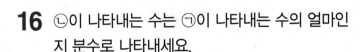

16 ㉡이 나타내는 수는 ㉠이 나타내는 수의 얼마인지 분수로 나타내세요.

$$2.181$$
$$㉠ ㉡$$

(   )

17 0부터 9까지의 숫자 중에서 □ 안에 들어갈 수 있는 숫자는 모두 몇 개일까요?

$$1.4□6 < 1.452$$

(   )

18 □ 안에 알맞은 수를 모두 더하면 얼마일까요?

- 1.3은 0.013의 □배입니다.
- 20은 0.02의 □배입니다.
- 15.69는 1.569의 □배입니다.

(   )

서술형

19 다원이는 물을 0.37 L 마시고, 승훈이는 물을 250 mL 마셨습니다. 누가 물을 몇 L 더 많이 마셨는지 소수로 쓰려고 합니다. 풀이 과정을 쓰고 답을 구하세요.

풀이 _____

_____

_____

_____

답 _____ , _____

서술형

20 조건을 모두 만족하는 수는 무엇인지 풀이 과정을 쓰고 답을 구하세요.

- 소수 두 자리 수입니다.
- 3보다 크고 4보다 작습니다.
- 소수 첫째 자리 숫자는 6입니다.
- 소수 둘째 자리 숫자는 2입니다.

풀이 _____

_____

_____

_____

답 _____

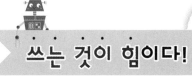

월	일	요일	이름

☆ 3단원에서 배운 내용을 친구들에게 설명하듯이 써 봐요.

☆ 3단원에서 배운 내용이 실생활에서 어떻게 쓰이고 있는지 찾아 써 봐요.

칭찬 & 격려해 주세요.

➡ QR코드를 찍으면
예시 답안을 볼 수
있어요.

4 사각형

교과서 개념 카툰

개념 카툰 1 수직 알아보기

개념 카툰 2 평행 알아보기

개념 카툰 **3** 사다리꼴

개념 카툰 **4** 여러 가지 사각형

개념의 힘

 개념 1 수직을 알아볼까요

생각의 힘

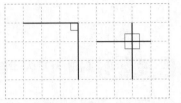

두 직선이 만나서 이루는 각이 직각인 곳을 표시했어.

1. 수직과 수선

(1) 두 직선이 만나서 이루는 각이 직각일 때, 두 직선은 서로 **수직**이라고 합니다.

(2) 두 직선이 서로 수직으로 만나면 한 직선을 다른 직선에 대한 **수선**이라고 합니다.

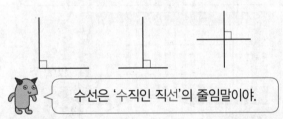

수선은 '수직인 직선'의 줄임말이야.

2. 주어진 직선에 대한 수선 긋기

(1) 삼각자를 사용하여 수선 긋기

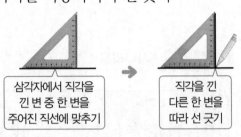

삼각자에서 직각을 낀 변 중 한 변을 주어진 직선에 맞추기 → 직각을 낀 다른 한 변을 따라 선 긋기

(2) 각도기를 사용하여 수선 긋기

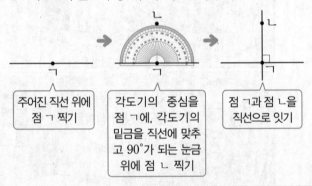

주어진 직선 위에 점 ㄱ 찍기 → 각도기의 중심을 점 ㄱ에, 각도기의 밑금을 직선에 맞추고 90°가 되는 눈금 위에 점 ㄴ 찍기 → 점 ㄱ과 점 ㄴ을 직선으로 잇기

개념 확인하기

1 도형에서 두 변이 만나서 이루는 각이 직각인 곳을 찾아 ㄴ 로 표시해 보세요.

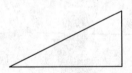

2 그림을 보고 □ 안에 알맞은 말을 써넣으세요.

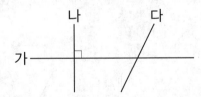

직선 가와 직선 □는 서로 수직으로 만납니다.

이때 직선 나는 직선 가에 대한 □입니다.

3 삼각자를 사용하여 직선 가에 대한 수선을 바르게 그은 것에 ○표 하세요.

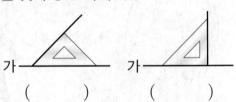

가 ( )　　가 ( )

4 직선 가에 대한 수선을 그으려고 합니다. 점 ㄱ과 어느 점을 이어야 하는지 ○표 하세요.

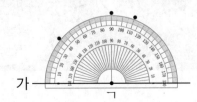

가

ㄱ

개념 다지기

1 그림과 같이 두 직선이 서로 수직으로 만나면 한 직선을 다른 직선에 대한 무엇이라고 할까요?

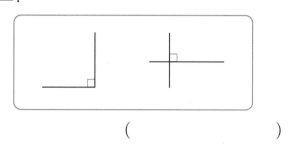

(   )

2 직선 가가 다른 직선에 대한 수선이 <u>아닌</u> 것에 △표 하세요.

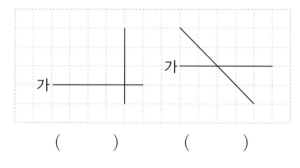

(   )   (   )

3 모눈종이에 주어진 선분에 대한 수선을 각각 그어 보세요.

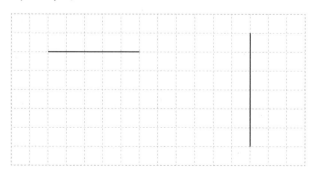

4 그림을 보고 물음에 답하세요.

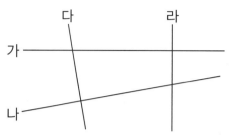

(1) 직선 **가**에 수직인 직선을 찾아 쓰세요.

(   )

(2) 직선 **다**에 대한 수선을 찾아 쓰세요.

(   )

5 서로 수직인 변이 있는 도형을 모두 찾아 기호를 쓰세요.

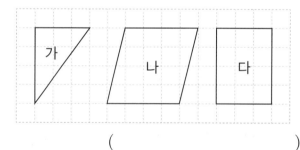

(   )

6 각도기를 사용하여 주어진 직선에 대한 수선을 그어 보세요.

4
단원

사
각
형

개념 2 평행을 알아볼까요 / 평행선 사이의 거리를 알아볼까요

1. 평행과 평행선

(1) 한 직선에 수직인 두 직선을 그었을 때, 그 두 직선은 서로 만나지 않습니다. 이와 같이 서로 만나지 않는 두 직선을 **평행**하다고 합니다.

(2) **평행선**: 평행한 두 직선

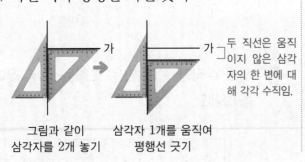

> 한 직선에 수직인 두 직선은 서로 만나지 않습니다.

2. 삼각자를 사용하여 평행한 직선 긋기

(1) 직선 가와 평행한 직선 긋기

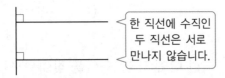

두 직선은 움직이지 않은 삼각자의 한 변에 대해 각각 수직임.

그림과 같이 삼각자를 2개 놓기 / 삼각자 1개를 움직여 평행선 긋기

(2) 한 점을 지나고 주어진 직선과 평행한 직선 긋기

> 점 ㄱ을 지나는 평행선을 그어 봐.

삼각자의 한 변을 직선에 맞추고 다른 한 변이 점 ㄱ을 지나도록 놓기 / 다른 삼각자를 사용하여 점 ㄱ을 지나고 주어진 직선과 평행한 직선 긋기

3. 평행선 사이의 거리

평행선 사이의 거리: 평행선의 한 직선에서 다른 직선에 그은 수선의 길이

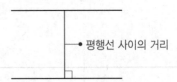

평행선 사이의 거리

개념 확인하기

1 평행선을 찾아 기호를 쓰세요.

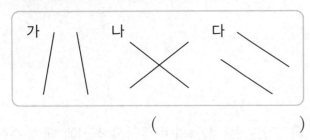

( )

2 삼각자를 사용하여 주어진 직선과 평행선을 바르게 그었으면 ○표, 아니면 ×표 하세요.

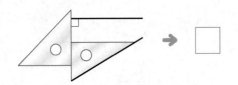

[3~4] 직선 가와 직선 나는 서로 평행합니다. 물음에 답하세요.

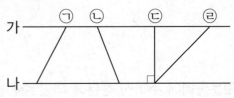

3 직선 가에서 직선 나에 그은 수선을 찾아 기호를 쓰세요.

( )

4 평행선 사이의 거리를 나타내는 선분을 찾아 기호를 쓰세요.

( )

개념 다지기

1 그림을 보고 □ 안에 알맞은 말을 써넣으세요.

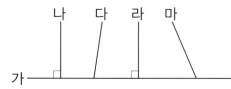

(1) 직선 가에 수직인 직선은 직선 □와 직선 □이고 이 두 직선은 서로 만나지 않습니다.

(2) 서로 만나지 않는 두 직선을 □하다 고 합니다.

(3) 평행한 두 직선을 □이라고 합니다.

2 평행선 사이의 거리를 알아보세요.

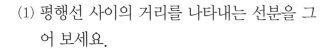

(1) 평행선 사이의 거리를 나타내는 선분을 그어 보세요.

(2) 평행선 사이의 거리는 몇 cm인지 자로 재어 보세요.

( )

3 도형에서 서로 평행한 변을 찾아 쓰세요.

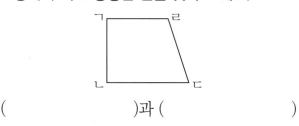

( )과 ( )

4 직선 가와 직선 나는 평행합니다. 평행선 사이의 거리는 몇 cm인지 재어 보세요.

가 ──────────

나 ──────────

( )

5 평행선에 대해 바르게 설명한 것을 찾아 기호를 쓰세요.

> ㉠ 평행한 두 직선은 서로 만나지 않습니다.
> ㉡ 평행한 두 직선이 이루는 각은 직각입 니다.

( )

6 삼각자를 사용하여 점 ㄱ을 지나고 직선 가와 평행한 직선을 그어 보세요.

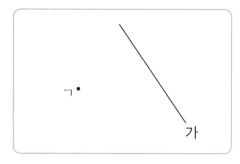

4 단원

사각형

기본 유형의 힘

유형 1 수직 알아보기

오른쪽 도형을 보고 □ 안에 알맞은 기호를 써넣으세요.

┌ 직선 가에 대한 수선: 직선 □
└ 직선 다에 대한 수선: 직선 □

유형 코칭

(1) 두 직선이 만나서 이루는 각이 직각일 때, 두 직선은 서로 수직이라고 합니다.

(2) ┌ 직선 가에 대한 수선: 직선 나
   └ 직선 나에 대한 수선: 직선 가

1 점 ㄱ을 지나고 직선 가에 수직인 직선을 그으려고 합니다. 점 ㄱ과 어느 점을 직선으로 이어야 할까요?

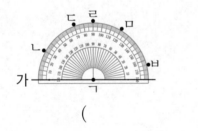

( )

2 두 직선이 만나서 이루는 각이 직각인 곳을 모두 찾아 ⌐로 표시해 보세요.

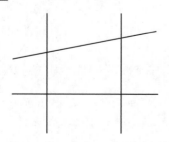

[3~5] 도형을 보고 물음에 답하세요.

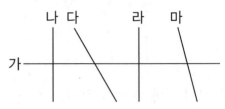

3 직선 가에 수직인 직선은 모두 몇 개일까요?

( )

4 직선 나에 대한 수선을 찾아 쓰세요.

( )

5 직선 라에 대한 수선을 찾아 쓰세요.

( )

6 삼각자를 사용하여 직선 가에 대한 수선인 직선 나를 바르게 그은 것을 찾아 기호를 쓰세요.

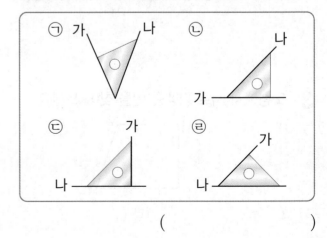

( )

창의 · 융합

7 서희네 집을 찍은 사진입니다. 사진에서 찾을 수 있는 수선을 1개 찾아 선으로 표시해 보세요.

8 도형에서 변 ㄷㄹ과 수직인 변을 모두 찾아 쓰세요.

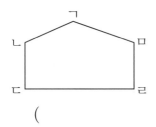

(   )

[9~10] 삼각자 또는 각도기를 사용하여 주어진 직선에 대한 수선을 그어 보세요.

9

10

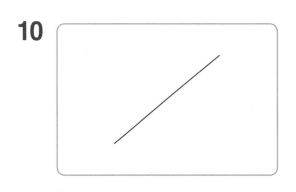

유형 **2**	평행 알아보기

평행선을 찾아 기호를 쓰세요.

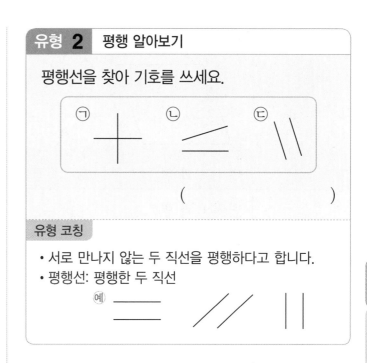

(   )

유형 코칭

• 서로 만나지 않는 두 직선을 평행하다고 합니다.
• 평행선: 평행한 두 직선

　예

11 점 ㄱ을 지나고 직선 가와 평행한 직선을 그은 것을 찾아 기호를 쓰세요.

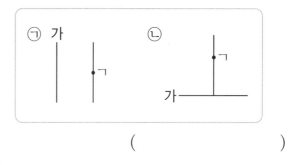

(   )

12 서로 평행한 직선을 모두 찾아 쓰세요.

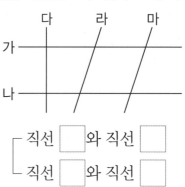

┌ 직선 [   ]와 직선 [   ]
└ 직선 [   ]와 직선 [   ]

13 사각형에서 서로 평행한 변을 모두 찾아 쓰세요.

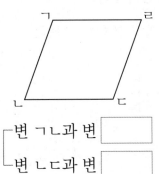

┌ 변 ㄱㄴ과 변 [ ]
└ 변 ㄴㄷ과 변 [ ]

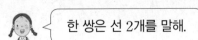

창의 · 융합

14 서로 평행한 선을 한 쌍 찾아 선을 그어 보세요.

한 쌍은 선 2개를 말해.

15 삼각자를 사용하여 주어진 직선과 평행한 직선을 그어 보세요.

16 점 ㄱ을 지나고 직선 가와 평행한 직선은 몇 개 그을 수 있을까요?

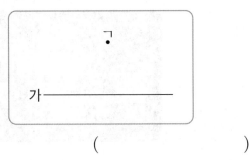

(   )

17 변 ㄱㄴ과 평행한 변은 모두 몇 개일까요?

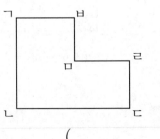

(   )

창의력

18 주어진 두 선분을 사용하여 평행선이 두 쌍인 사각형을 그려 보세요.

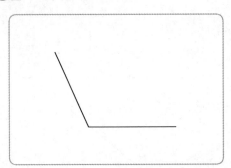

유형 3 평행선 사이의 거리

빨간색 선분과 같이 평행선의 한 직선에서 다른 직선에 그은 수선의 길이를 무엇이라고 할까요?

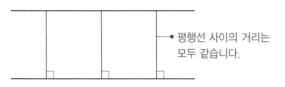

(   )

유형 코칭

• 평행선 사이의 거리: 평행선의 한 직선에서 다른 직선에 그은 수선의 길이

• 평행선 사이의 거리는 모두 같습니다.

[21~22] 평행선 사이의 거리는 몇 cm인지 재어 보세요.

21

(   )

22

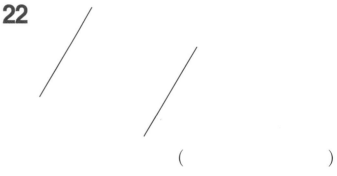

(   )

19 직선 가와 직선 나는 서로 평행합니다. 평행선 사이의 거리는 몇 cm일까요?

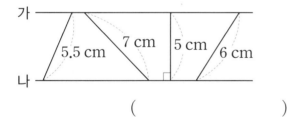

(   )

창의력

23 도형에서 평행선을 찾아 평행선 사이의 거리는 몇 cm인지 재어 보세요.

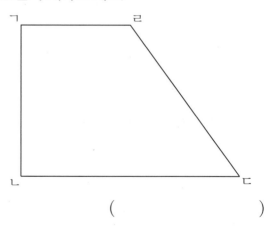

(   )

20 직선 가와 직선 나는 서로 평행합니다. 선분 ㄷㄹ과 두 직선 가, 나가 만나서 이루는 각도는 몇 도일까요?

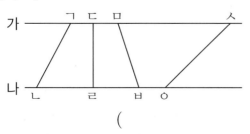

(   )

개념의 힘

개념 3 사다리꼴을 알아볼까요

💡 생각의 힘

평행한 변이 있는 사각형과 평행한 변이 없는 사각형으로 분류했어.

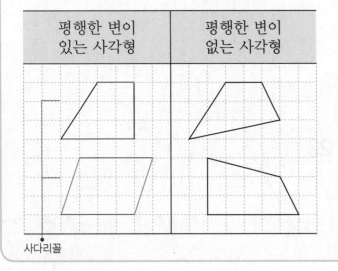

평행한 변이 있는 사각형	평행한 변이 없는 사각형

사다리꼴

1. 사다리꼴 알아보기

◆개념의 힘

사다리꼴: 평행한 변이 한 쌍이라도 있는 사각형

평행

사다리꼴은 평행한 변이 **적어도 한 쌍**이 있는 사각형을 말해.

직사각형과 같이 한 쌍이든 두 쌍이든 평행한 변이 **있기만 하면** 사다리꼴이구나!

개념 확인하기

[1~3] 사각형을 보고 물음에 답하세요.

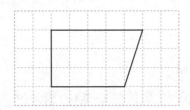

1 서로 평행한 변을 찾아 변을 따라 선을 그어 보세요.

2 서로 평행한 변은 몇 쌍일까요?
( )

3 위와 같은 사각형을 무엇이라고 할까요?
( )

[4~6] 사각형을 보고 알맞은 말에 ◯표 하세요.

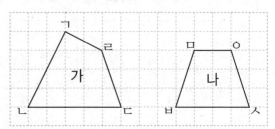

4 사각형 가에는 서로 평행한 변이
(있습니다 , 없습니다).

5 사각형 나에서 변 ㅁㅇ과 평행한 변은
(변 ㅂㅅ , 변 ㅇㅅ)입니다.

6 사각형 가와 나 중에서 사다리꼴은
(가 , 나)입니다.

개념 다지기

[1~2] 사각형을 보고 물음에 답하세요.

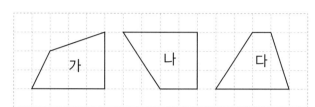

1 평행한 변이 있는 사각형을 모두 찾아 기호를 쓰세요.

(　　　　　　)

2 사다리꼴을 모두 찾아 기호를 쓰세요.

(　　　　　　)

창의·융합

3 도형판에서 한 꼭짓점만 옮겨서 사다리꼴을 만들려고 합니다. 점 ㄱ을 어느 곳으로 옮겨야 할까요? ·········· (　　)

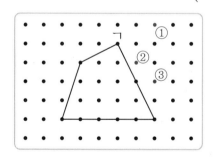

4 사다리꼴을 완성해 보세요.

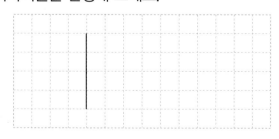

5 사각형을 보고 바르게 설명한 것을 찾아 기호를 쓰세요.

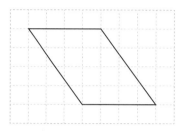

┌────────────────────────────┐
│ ㉠ 평행한 변이 2쌍인 사각형이므로 사다리 │
│ 　 꼴이 아닙니다. │
│ ㉡ 평행한 변이 있으므로 사다리꼴입니다. │
└────────────────────────────┘

(　　　　　　)

6 직사각형 모양의 종이띠를 선을 따라 모두 자르려고 합니다. 잘라 낸 도형 중에서 사다리꼴을 모두 찾아 기호를 쓰세요.

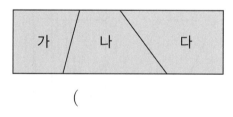

(　　　　　　)

7 주어진 선분을 이용하여 서로 다른 사다리꼴을 2개 그려 보세요.

개념 4 평행사변형을 알아볼까요

생각의 힘

평행한 변이 1쌍

평행한 변이 2쌍

평행한 변이 2쌍인 사각형을
뭐라고 부를까?

1. 평행사변형 알아보기

평행사변형: 마주 보는
두 쌍의 변이 서로 평행
한 사각형

평행

2. 평행사변형의 성질

(1) 마주 보는 두
변의 길이가
같습니다.

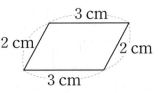
3 cm, 2 cm, 2 cm, 3 cm

(2) 마주 보는 두 각의
크기가 같습니다.

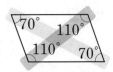
70°, 110°, 110°, 70°

(3) 이웃한 두 각의 크
기의 합이 180°입
니다.

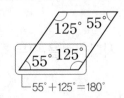
125° 55°, 55° 125°
└ 55°+125°=180°

개념 확인하기

[1~2] 사각형을 보고 물음에 답하세요.

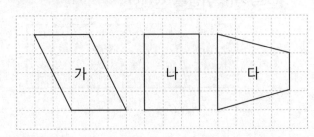
가 나 다

1 사각형을 분류하여 □ 안에 알맞은 기호를 써넣
으세요.

평행한 변이 1쌍	평행한 변이 2쌍
□	가, □

2 위 **1**에서 분류한 것과 같이 마주 보는 두 쌍의 변
이 서로 평행한 사각형을 무엇이라고 할까요?

(   )

3 오른쪽 평행사변형을 보고
알맞은 말에 ◯표 하세요.

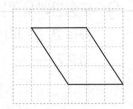

마주 보는 두 변의 길이는 (같고 , 다르고),
마주 보는 두 각의 크기는
(같습니다 , 다릅니다).

4 다음 도형은 평행사변형입니다. 평행사변형에서
서로 평행한 변은 모두 몇 쌍일까요?

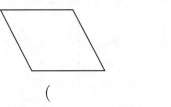

(   )

개념 다지기

1 평행사변형을 보고 물음에 답하세요.

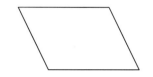

(1) 서로 평행한 변끼리 같은 색으로 변을 따라 선을 그어 보세요.

(2) 서로 평행한 변은 모두 몇 쌍일까요?

( )

2 도형판에 평행사변형을 잘못 만든 것을 찾아 △표 하세요.

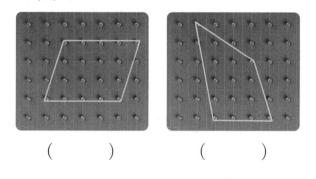

( )   ( )

3 평행사변형을 모두 찾아 기호를 쓰세요.

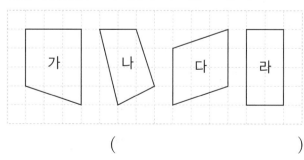

( )

[4~5] 다음 도형은 평행사변형입니다. □ 안에 알맞은 수를 써넣으세요.

4

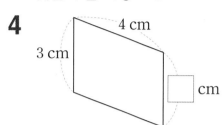

cm

5

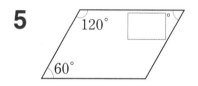

[6~7] 다음 도형은 평행사변형입니다. 물음에 답하세요.

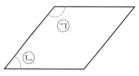

6 □ 안에 알맞은 수를 써넣으세요.

평행사변형은 이웃한 두 각의 크기의 합이
□°입니다.

7 ㉠과 ㉡의 크기의 합은 몇 도일까요?

( )

4단원

사각형

개념 5   마름모를 알아볼까요

🧠 생각의 힘

네 변의 길이가 모두 같지 않은 사각형

네 변의 길이가 모두 같은 사각형

 네 변의 길이가 모두 같은 사각형을 뭐라고 부르면 좋을까?

1. 마름모 알아보기

마름모: 네 변의 길이가 모두 같은 사각형

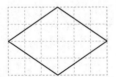

2. 마름모의 성질

(1) 네 변의 길이가 모두 같습니다.

(2) 마주 보는 두 각의 크기가 같습니다.

(3) 이웃한 두 각의 크기의 합이 180°입니다.

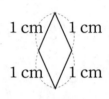

1 cm   1 cm
1 cm   1 cm

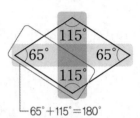

65°+115°=180°

(4) 마주 보는 꼭짓점끼리 이은 선분이 서로 수직으로 만나고 반으로 나눕니다.

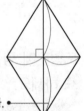

같은 색 선끼리 길이가 같습니다. ●

개념 확인하기 ▶

[1~3] 사각형을 보고 물음에 답하세요.

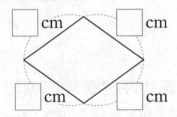

☐ cm   ☐ cm
☐ cm   ☐ cm

1 각 변의 길이를 자로 재어 ☐ 안에 알맞은 수를 써넣으세요.

2 위 사각형의 네 변의 길이는 모두 같을까요, 다를까요?

(   )

3 위와 같은 사각형을 무엇이라고 할까요?

(   )

[4~5] 마름모이면 ○표, 아니면 ×표 하세요.

4

(   )

5

(   )

6 다음 도형은 마름모입니다. ☐ 안에 알맞은 수를 써넣으세요.

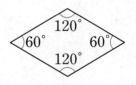

120°
60°   60°
120°

이웃한 두 각의 크기의 합이 ☐ °입니다.

개념 다지기

1 마름모를 찾아 기호를 쓰세요.

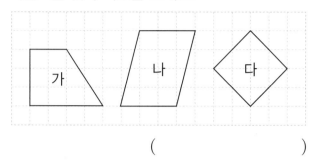

(　　　　　　　)

[2~3] 다음 도형은 마름모입니다. □ 안에 알맞은 수를 써넣으세요.

2

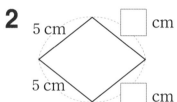

3

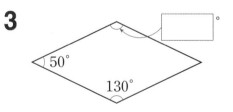

4 마름모를 완성해 보세요.

5 마름모의 성질이 <u>아닌</u> 것을 찾아 기호를 쓰세요.

> ㉠ 네 각의 크기가 모두 같습니다.
> ㉡ 네 변의 길이가 모두 같습니다.
> ㉢ 마주 보는 두 각의 크기가 같습니다.

(　　　　　　　)

6 도형판에서 한 꼭짓점만 옮겨서 마름모가 되도록 그려 보세요.

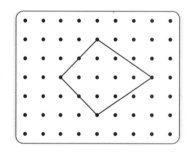

7 다음 도형은 마름모입니다. 네 변의 길이의 합은 몇 cm인지 구하세요.

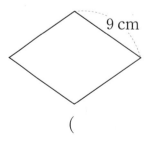

(　　　　　　　)

4
단원

사
각
형

개념 6 여러 가지 사각형을 알아볼까요

1. 직사각형과 정사각형의 성질 알아보기

직사각형	정사각형
2 cm, 1 cm, 1 cm, 2 cm	2 cm, 2 cm, 2 cm, 2 cm
마주 보는 변의 길이가 같음.	네 변의 길이가 모두 같음.
네 각이 모두 직각임.	네 각이 모두 직각임.

정사각형은 직사각형이라고 할 수 있지만 직사각형은 정사각형이라고 할 수 없습니다.

2. 사각형의 이름 알아보기

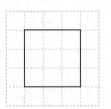

한 쌍의 변이 서로 평행하므로	사다리꼴
두 쌍의 변이 서로 평행하므로	평행사변형
네 변의 길이가 모두 같으므로	마름모
네 각이 모두 직각이므로	직사각형
네 변의 길이가 모두 같고 네 각이 모두 직각이므로	정사각형

개념 확인하기

[1~2] 정사각형을 보고 설명한 것이 옳으면 ○표, 틀리면 ×표 하세요.

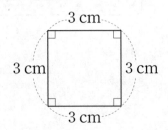

1 정사각형은 네 변의 길이가 모두 같습니다.

(   )

2 정사각형은 네 각이 모두 직각입니다.

(   )

[3~4] 직사각형을 보고 물음에 답하세요.

3 □ 안에 알맞게 써넣으세요.

변 ㄱㄹ과 변 [ ]이 평행하고,

변 ㄱㄴ과 변 [ ]이 평행합니다.

4 직사각형을 보고 알맞은 말에 ○표 하세요.

· 평행한 변이 있으므로 사다리꼴이라고 할 수 (있습니다 , 없습니다).

· 마주 보는 두 쌍의 변이 서로 평행하므로 (마름모 , 평행사변형)입니다.

개념 다지기

[1~3] 도형을 보고 물음에 답하세요.

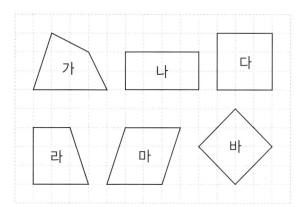

1 직사각형을 모두 찾아 기호를 쓰세요.

(   )

2 정사각형을 모두 찾아 기호를 쓰세요.

(   )

3 마름모를 모두 찾아 기호를 쓰세요.

(   )

4 직사각형을 보고 ☐ 안에 들어갈 수 있는 말을 보기 에서 찾아 써넣으세요.

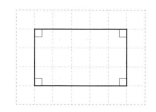

보기
평행사변형
정사각형

직사각형은 [   ] 입니다.

5 다음 도형에 대한 설명으로 옳은 것을 찾아 기호를 쓰세요.

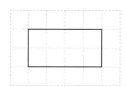

⊙ 네 변의 길이가 모두 같으므로 정사각형입니다.
ⓒ 평행한 변이 있으므로 사다리꼴입니다.

(   )

6 오른쪽 사각형의 이름이 될 수 <u>없는</u> 것에 △표 하세요.

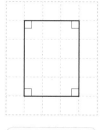

사다리꼴	마름모	직사각형
( )	( )	( )

7 다음 도형은 마름모입니다. 그 이유를 쓰세요.

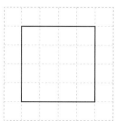

이유 정사각형은 _____

_____ 마름모입니다.

기본 유형의 힘

유형 4 사다리꼴 알아보기

사다리꼴을 찾아 ○표 하세요.

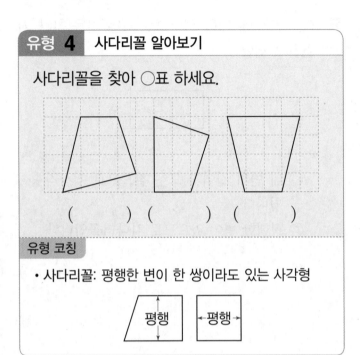

( ) ( ) ( )

유형 코칭

• 사다리꼴: 평행한 변이 한 쌍이라도 있는 사각형

융합형

1 도윤이는 사다리에서 사다리꼴 모양을 발견하였습니다. 사다리꼴 ㄱㄴㄷㄹ에서 서로 평행한 변을 찾아 쓰세요.

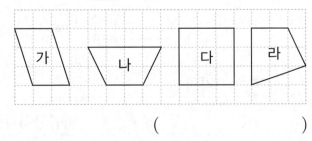

( )과 ( )

2 사다리꼴이 <u>아닌</u> 도형을 찾아 기호를 쓰세요.

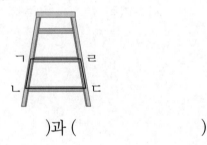

( )

3 사다리꼴에 대한 설명으로 <u>틀린</u> 것을 찾아 기호를 쓰세요.

㉠ 한 쌍의 마주 보는 변이 평행합니다.
㉡ 서로 평행한 변이 반드시 2쌍 있습니다.

( )

서술형

4 다음 도형은 사다리꼴입니다. 그 이유를 쓰세요.

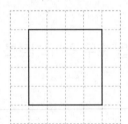

이유 _____

5 서로 다른 모양의 사다리꼴을 2개 그려 보세요.

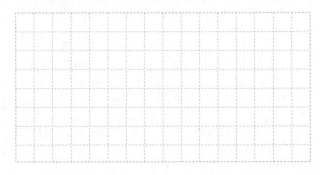

유형 5 평행사변형 알아보기

평행사변형을 찾아 기호를 쓰세요.

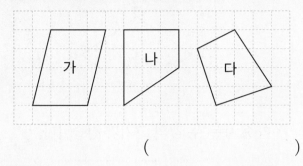

(   )

유형 코칭

• 평행사변형: 마주 보는 두 쌍의 변이 서로 평행한 사각형

6 다음 도형은 평행사변형입니다. □ 안에 알맞은 수를 써넣으세요.

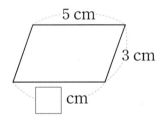

7 평행사변형을 완성해 보세요.

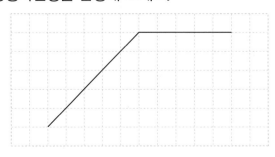

[8~9] 다음 도형은 평행사변형입니다. 물음에 답하세요.

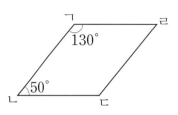

8 각 ㄴㄷㄹ의 크기는 몇 도일까요?

(   )

9 각 ㄱㄹㄷ의 크기는 몇 도일까요?

(   )

10 사다리꼴 모양의 종이를 잘라 평행사변형을 만들려고 합니다. 어느 직선을 따라 잘라야 하는지 기호를 쓰세요.

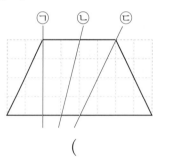

(   )

서술형

11 다음 도형은 평행사변형인지 예, 아니요로 답하고 그렇게 생각한 이유를 쓰세요.

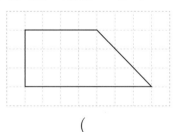

(   )

이유 _____

_____

유형 6 마름모 알아보기

다음과 같이 네 변의 길이가 모두 같은 사각형을 무엇이라고 할까요?

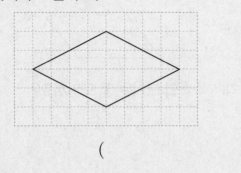

(   )

유형 코칭

• 마름모: 네 변의 길이가 모두 같은 사각형

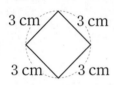

3 cm   3 cm

3 cm   3 cm

12 다음 도형은 마름모입니다. □ 안에 알맞은 수를 써넣으세요.

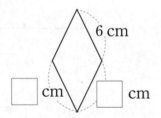

6 cm

☐ cm   ☐ cm

13 다음 도형은 마름모입니다. □ 안에 알맞은 수를 써넣으세요.

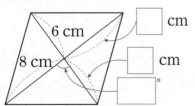

6 cm

8 cm

☐ cm

☐ cm

☐ °

14 마름모를 보고 설명한 것이 옳으면 ○표, 틀리면 ×표 하세요.

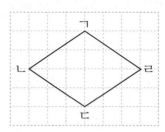

• 마주 보는 두 각의 크기가 같습니다.

· (   )

• 변 ㄴㄷ과 평행한 변은 변 ㄹㄷ입니다.

· (   )

15 다음 도형은 마름모입니다. ㉠의 크기는 몇 도인지 구하세요.

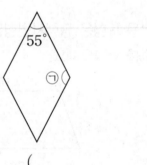

55°

㉠

(   )

창의력

16 길이가 20 cm인 철사를 모두 사용하여 가장 큰 마름모를 1개 만들려고 합니다. 마름모의 한 변을 몇 cm로 해야 할까요?

(   )

유형 7 여러 가지 사각형 알아보기

사각형의 이름이 될 수 있는 것을 찾아 기호를 쓰세요.

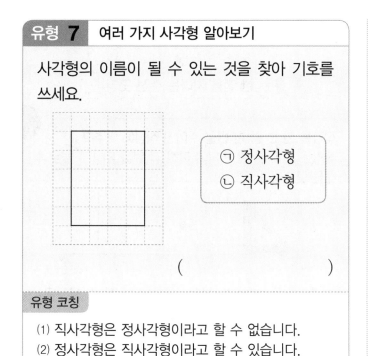

ⓐ 정사각형
ⓑ 직사각형

(   )

유형 코칭

⑴ 직사각형은 정사각형이라고 할 수 없습니다.
⑵ 정사각형은 직사각형이라고 할 수 있습니다.

17 사각형의 이름이 될 수 있는 것에 ◯표 하세요.

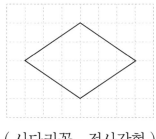

(사다리꼴 , 정사각형)

18 직사각형도 되고 정사각형도 되는 도형의 기호를 쓰세요.

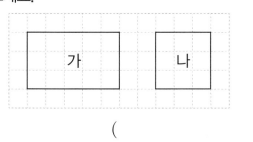

(   )

[19~21] 직사각형 모양의 종이띠를 선을 따라 모두 자르려고 합니다. 물음에 답하세요.

19 잘라 낸 도형이 사다리꼴인 것을 모두 찾아 기호를 쓰세요.

(   )

20 평행사변형을 모두 찾아 기호를 쓰세요.

(   )

21 직사각형을 찾아 기호를 쓰세요.

(   )

창의력

22 길이가 같은 수수깡이 4개 있습니다. 수수깡 한 개를 한 변으로 하여 만들 수 있는 사각형의 이름을 모두 찾아 기호를 쓰세요.

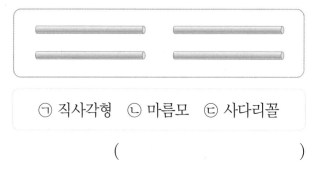

ⓐ 직사각형   ⓑ 마름모   ⓒ 사다리꼴

(   )

2 STEP 응용 유형의 힘

- 수직: 만나서 이루는 각이 직각인 두 직선
- 평행: 서로 만나지 않는 두 직선

1 서로 수직인 변이 있는 도형을 모두 찾아 기호를 쓰세요.

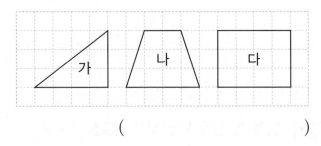

( )

2 서로 수직인 변이 있는 도형을 모두 찾아 기호를 쓰세요.

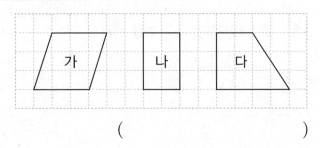

( )

3 서로 평행한 변이 있는 도형을 모두 찾아 기호를 쓰세요.

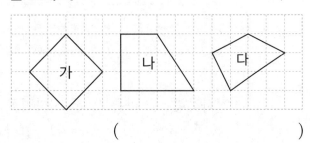

( )

직각을 낀 변 중 한 변을 주어진 직선에 맞추고 직각을 낀 다른 한 변이 주어진 점 위를 지나게 놓은 후 선을 긋습니다.

4 점 ㄱ을 지나고 직선 ㄴㄷ에 수직인 직선을 그어 보세요.

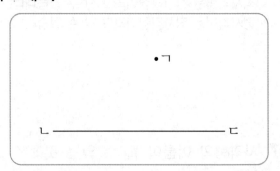

5 점 ㄷ을 지나고 직선 ㄱㄴ에 수직인 직선을 그어 보세요.

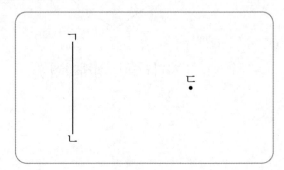

6 꼭짓점 ㄴ을 지나고 변 ㄱㄹ에 대한 수선을 그어 보세요.

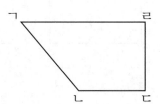

응용 유형 3 평행선 사이의 거리에 맞게 평행선 긋기

예 평행선 사이의 거리가 5 cm가 되도록 주어진 직선과 평행한 직선 긋기

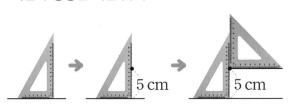

7 평행선 사이의 거리가 3 cm가 되도록 주어진 직선과 평행한 직선을 그어 보세요.

8 평행선 사이의 거리가 2 cm가 되도록 주어진 직선과 평행한 직선을 그어 보세요.

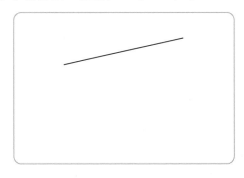

9 평행선 사이의 거리가 4 cm가 되도록 주어진 직선과 평행한 직선을 그어 보세요.

응용 유형 4 사각형의 이름이 될 수 있는 것 찾기

① 서로 평행한 변이 몇 쌍 있는지 살펴봅니다.
② 네 각이 모두 직각인지 아닌지 살펴봅니다.
③ 네 변의 길이가 모두 같은지 다른지 살펴봅니다.

10 사각형의 이름이 될 수 있는 것을 모두 찾아 ◯표 하세요.

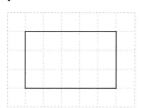

| 정사각형 | 평행사변형 | 사다리꼴 |

11 사각형의 이름이 될 수 있는 것을 모두 찾아 ◯표 하세요.

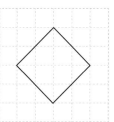

| 직사각형 | 정사각형 | 마름모 |

12 오른쪽 사각형의 이름이 될 수 있는 것을 모두 찾아 ◯표 하세요.

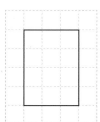

| 마름모 | 직사각형 | 사다리꼴 |

2 응용 유형의 힘

응용 유형 5 평행선 사이의 거리 구하기

구하려는 평행선 사이의 거리는 어느 변과 어느 변의 길이의 합인지 알아봅니다.

13 변 ㄱㅂ과 변 ㄴㄷ은 서로 평행합니다. 변 ㄱㅂ과 변 ㄴㄷ 사이의 거리는 몇 cm일까요?

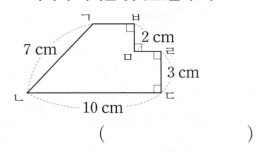

( )

14 변 ㄱㄴ과 변 ㄹㄷ은 서로 평행합니다. 변 ㄱㄴ과 변 ㄹㄷ 사이의 거리는 몇 cm일까요?

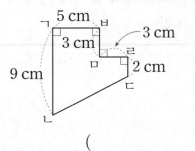

( )

15 변 ㄷㄹ과 변 ㅂㅁ은 서로 평행합니다. 변 ㄷㄹ과 변 ㅂㅁ 사이의 거리는 몇 cm일까요?

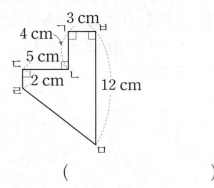

( )

응용 유형 6 사각형의 네 변의 길이의 합을 이용하여 한 변의 길이 구하기

① 사각형의 성질을 이용하여 이웃하는 두 변의 길이의 합 구하기
② 구하려는 변의 길이 구하기

16 오른쪽은 네 변의 길이의 합이 54 cm인 직사각형입니다. 변 ㄱㄴ의 길이는 몇 cm일까요?

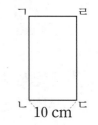

( )

17 네 변의 길이의 합이 48 cm인 직사각형입니다. 변 ㄹㄷ의 길이는 몇 cm일까요?

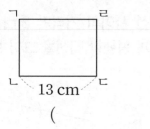

( )

18 오른쪽은 네 변의 길이의 합이 80 cm인 평행사변형입니다. 변 ㄱㄹ의 길이는 몇 cm일까요?

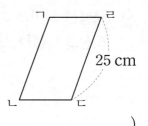

( )

응용 유형 7 마름모의 성질을 이용하여 네 변의 길이의 합 구하기

① 마름모의 성질을 이용하여 한 변의 길이 구하기
② 마름모의 네 변의 길이의 합 구하기

19 사각형 ㄱㄴㄷㄹ은 마름모입니다. 삼각형 ㄱㄴㄹ의 세 변의 길이의 합이 26 cm일 때 마름모 ㄱㄴㄷㄹ의 네 변의 길이의 합은 몇 cm일까요?

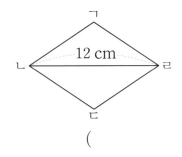

( )

20 사각형 ㄱㄴㄷㄹ은 마름모입니다. 삼각형 ㄱㄷㄴㄹ의 세 변의 길이의 합이 28 cm일 때 마름모 ㄱㄴㄷㄹ의 네 변의 길이의 합은 몇 cm일까요?

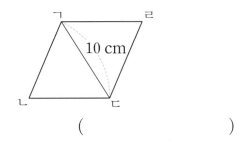

( )

응용 유형 8 찾을 수 있는 크고 작은 사각형 세어 보기

작은 도형에서 찾을 수 있는 사각형까지 빠짐없이 찾습니다.

21 그림에서 찾을 수 있는 크고 작은 사다리꼴은 모두 몇 개일까요?

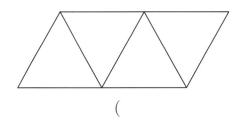

( )

22 그림에서 찾을 수 있는 크고 작은 평행사변형은 모두 몇 개일까요?

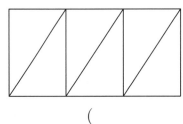

( )

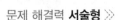

문제 해결력 **서술형** ≫

1-1 다음 도형은 평행사변형인지 예, 아니요로 답하고 그렇게 생각한 이유를 쓰세요.

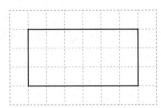

(1) 주어진 도형은 평행사변형인지 예, 아니요로 답하세요.

(   )

(2) 위 (1)처럼 생각한 이유를 쓰세요.

이유 _____

_____

바로 쓰는 **서술형** ≫

1-2 다음 도형은 마름모인지 예, 아니요로 답하고 그렇게 생각한 이유를 쓰세요. [5점]

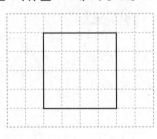

(   )

이유

문제 해결력 **서술형** ≫

2-1 도형에서 평행선을 찾아 평행선 사이의 거리를 재어 보세요.

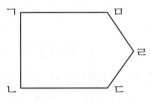

(1) 도형에서 평행한 두 변을 찾아 쓰세요.

(   )

(2) 평행한 두 변 사이에 수선을 그어 보세요.

(3) 평행선 사이의 거리는 몇 cm인지 재어 보세요.

(   )

바로 쓰는 **서술형** ≫

2-2 도형에서 평행선을 찾아 평행선 사이의 거리는 몇 cm인지 재어 알아보려고 합니다. 풀이 과정을 쓰고 답을 구하세요. [5점]

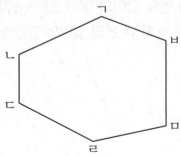

풀이

답 _____

문제 해결력 **서술형** 》

3-1 사각형 ㄱㄴㄷㄹ은 마름모입니다. ㉠의 크기를 구하세요.

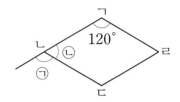

(1) 마름모에서 이웃한 두 각의 크기의 합은 몇 도일까요?

(   )

(2) ㉡의 크기는 몇 도일까요?

(   )

(3) ㉠의 크기는 몇 도일까요?

(   )

바로 쓰는 **서술형** 》

3-2 사각형 ㄱㄴㄷㄹ은 마름모입니다. ㉠의 크기는 몇 도인지 구하는 풀이 과정을 쓰고 답을 구하세요. [5점]

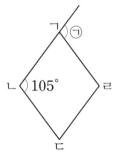

풀이

답 _____

문제 해결력 **서술형** 》

4-1 직선 가와 직선 나는 서로 평행합니다. 각 ㄱㄴㄷ의 크기는 몇 도일까요?

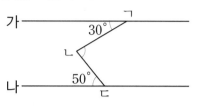

(1) 점 ㄱ에서 직선 나에 대한 수선을 긋고, 직선 나와 만나는 점을 'ㄹ'로 표시하세요.

(2) 각 ㄴㄱㄹ의 크기는 몇 도일까요?

(   )

(3) 각 ㄴㄷㄹ의 크기는 몇 도일까요?

(   )

(4) 각 ㄱㄴㄷ의 크기는 몇 도일까요?

(   )

바로 쓰는 **서술형** 》

4-2 직선 가와 직선 나는 서로 평행합니다. 각 ㄱㄴㄷ의 크기는 몇 도인지 풀이 과정을 쓰고 답을 구하세요. [5점]

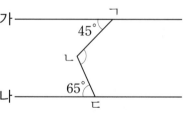

풀이

답 _____

4단원

사각형

단원평가

[1~2] 그림을 보고 물음에 답하세요.

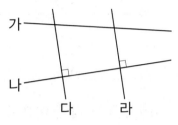

1 직선 라에 대한 수선을 찾아 쓰세요.

( )

2 직선 다와 평행한 직선을 찾아 쓰세요.

( )

[3~4] 사각형을 보고 물음에 답하세요.

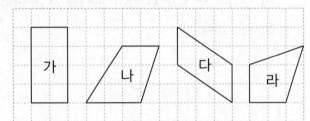

3 사다리꼴을 모두 찾아 기호를 쓰세요.

( )

4 평행사변형을 모두 찾아 기호를 쓰세요.

( )

5 다음 도형은 평행사변형입니다. □ 안에 알맞은 수를 써넣으세요.

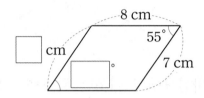

6 오른쪽 도형은 마름모입니다. 변 ㄴㄷ과 평행한 변을 찾아 쓰세요.

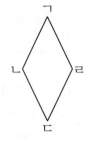

( )

7 도형에서 평행선을 찾아 평행선 사이의 거리를 재려면 어느 변의 길이를 재어야 하는지 쓰세요.

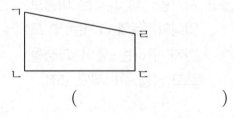

( )

8 도형판에서 한 꼭짓점만 옮겨서 사다리꼴을 만들어 보세요.

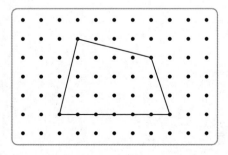

9 직사각형에 대한 설명입니다. 옳으면 ○표, 틀리면 ×표 하세요.

• 네 변의 길이가 모두 같습니다. ⋯ (   )

• 마주 보는 두 쌍의 변이 서로 평행합니다.
 ⋯⋯⋯⋯⋯⋯⋯⋯⋯⋯⋯⋯⋯⋯⋯⋯⋯ (   )

10 네 변의 길이의 합이 100 cm인 마름모가 있습니다. 이 마름모의 한 변의 길이는 몇 cm일까요?

(   )

11 사다리꼴을 1개 그려 보세요.

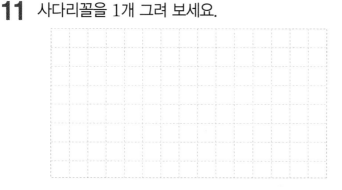

12 평행선이 두 쌍인 사각형을 그려 보세요.

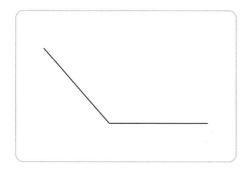

13 직선 가와 직선 나는 서로 수직으로 만납니다. ㉠의 크기는 몇 도인지 구하세요.

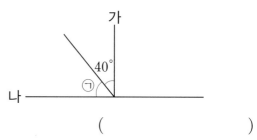

(   )

14 직사각형 모양의 종이띠를 선을 따라 모두 잘랐습니다. 잘린 도형 중 평행사변형은 모두 몇 개일까요?

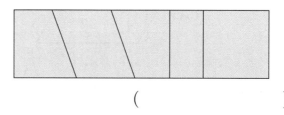

(   )

15 오른쪽 도형의 이름이 될 수 있는 것을 모두 찾아 기호를 쓰세요.

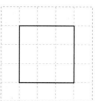

㉠ 정삼각형   ㉡ 사다리꼴

㉢ 평행사변형   ㉣ 마름모

㉤ 직사각형   ㉥ 정사각형

(   )

4
단원

사각형

16 설명이 옳은 것은 어느 것일까요? ⋯ (　)

① 마름모는 직사각형입니다.

② 평행사변형은 마름모입니다.

③ 정사각형은 직사각형입니다.

④ 사다리꼴은 평행사변형입니다.

⑤ 마름모는 정사각형입니다.

17 네 변의 길이의 합이 72 cm인 평행사변형입니다. 변 ㄴㄷ의 길이는 몇 cm인지 구하세요.

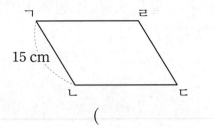

(　　　　)

18 찾을 수 있는 크고 작은 평행사변형은 모두 몇 개일까요?

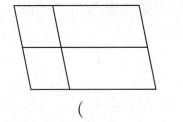

(　　　　)

19 사각형 ㄱㄴㄷㄹ은 평행사변형입니다. 각 ㄱㄹㄷ의 크기는 몇 도인지 풀이 과정을 쓰고 답을 구하세요.

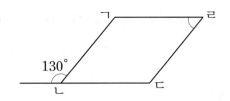

풀이 ＿＿＿＿＿＿＿＿＿＿＿＿＿＿＿＿＿

＿＿＿＿＿＿＿＿＿＿＿＿＿＿＿＿＿＿＿＿

＿＿＿＿＿＿＿＿＿＿＿＿＿＿＿＿＿＿＿＿

답 ＿＿＿＿＿＿＿＿＿＿＿

20 직선 가와 직선 나는 서로 평행합니다. 직선 라는 직선 가에 대한 수선일 때 ㉠의 크기는 몇 도인지 풀이 과정을 쓰고 답을 구하세요.

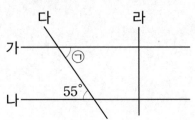

풀이 ＿＿＿＿＿＿＿＿＿＿＿＿＿＿＿＿＿

＿＿＿＿＿＿＿＿＿＿＿＿＿＿＿＿＿＿＿＿

＿＿＿＿＿＿＿＿＿＿＿＿＿＿＿＿＿＿＿＿

답 ＿＿＿＿＿＿＿＿＿＿＿

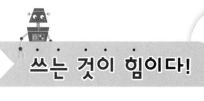

4단원 수학일기

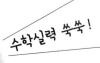

월	일	요일	이름

☆ 4단원에서 배운 내용을 친구들에게 설명하듯이 써 봐요.

_____

_____

_____

_____

_____

_____

_____

_____

☆ 4단원에서 배운 내용이 실생활에서 어떻게 쓰이고 있는지 찾아 써 봐요.

_____

_____

_____

_____

_____

_____

🧑‍🏫 칭찬 & 격려해 주세요.

➡ QR코드를 찍으면
예시 답안을 볼 수
있어요.

5 꺾은선그래프

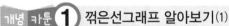

교과서 개념 카툰

개념 카툰 ① 꺾은선그래프 알아보기 (1)

개념 카툰 ② 꺾은선그래프 알아보기 (2)

날짜(일)	20	21	22	23
알 수(개)	22	26	28	30

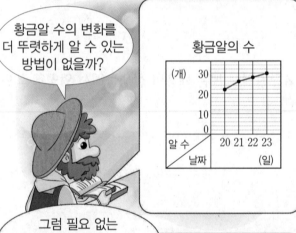

이미 배운 내용

[3-2] 6. 자료의 정리
[4-1] 5. 막대그래프

이번에 배우는 내용

✓ 꺾은선그래프 알아보기
✓ 꺾은선그래프의 내용 알아보기
✓ 꺾은선그래프 그리기

앞으로 배울 내용

[5-2] 6. 평균과 가능성
[6-1] 6. 여러 가지 그래프

개념 카툰 ③ 꺾은선그래프 그리기

개념 카툰 ④ 꺾은선그래프의 내용 알아보기

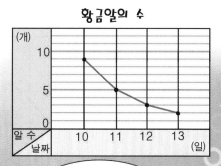

개념의 힘

개념 1 꺾은선그래프를 알아볼까요 / 꺾은선그래프에서 무엇을 알 수 있을까요

1. 꺾은선그래프 알아보기

• 막대그래프와 꺾은선그래프로 나타내기

선영이의 몸무게

나이	5세	7세	9세	11세
몸무게(kg)	18	24	28	32

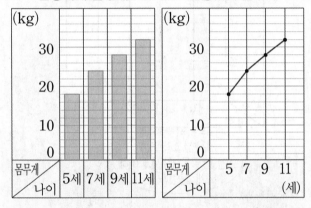

 선영이의 나이별 몸무게를 막대그래프는 **막대**로, 꺾은선그래프는 **선**으로 나타냈어!

꺾은선그래프: 수량을 점으로 표시하고, 그 점들을 선분으로 이어 그린 그래프

2. 꺾은선그래프의 내용 알아보기

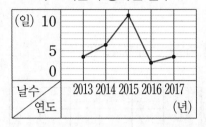

 변화가 심할 때는 선이 많이 기울어져 있구나.

3. 꺾은선그래프에서 물결선 알아보기

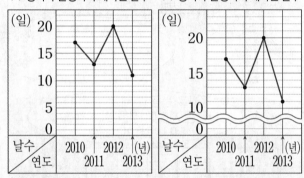

세로 눈금 한 칸의 크기는 1로 같지만 (나) 그래프의 세로 눈금 칸이 넓어져서 다른 값들을 더 잘 알 수 있습니다.

개념 확인하기

[1~2] 하루 동안 시간대별 학교 누리집의 누적 방문자 수를 조사하여 나타낸 꺾은선그래프입니다. 물음에 답하세요.

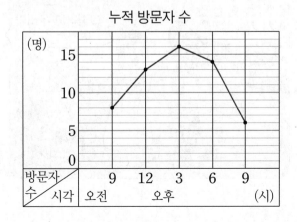

1 왼쪽 그래프의 가로와 세로는 각각 무엇을 나타낼까요?

가로 (   )

세로 (   )

2 방문자 수가 가장 많은 시각은 몇 시일까요?

(   )

▶ 빠른 정답 9쪽, 정답 및 풀이 42쪽

공부한 날 　월 　일

5 단원

꺾은선그래프

개념 다지기

[1~4] 양파의 키를 조사하여 나타낸 표와 꺾은선 그래프입니다. 물음에 답하세요.

양파의 키

날짜(일)	7	8	9	10
키(cm)	2	4	8	10

양파의 키

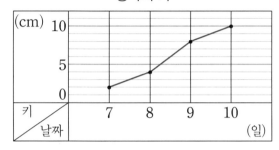

1 위와 같은 그래프를 무슨 그래프라고 할까요?

(　　　　　　　)

2 꺾은선그래프의 가로 눈금에는 무엇을 나타냈을까요?

(　　　　　　　)

3 꺾은선이 나타내는 것은 무엇인지 알맞은 것에 ○표 하세요.

양파의 키　　　양파의 수

4 키의 변화가 가장 심한 때는 며칠과 며칠 사이일까요?

□일과 □일 사이

5 그래프를 보고 □ 안에 알맞은 말을 써넣으세요.

도서 대출 현황

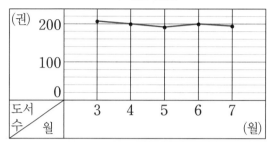

도서 대출 수의 변화하는 모양을 뚜렷하게 나타내려면 필요 없는 부분은 □으로 생략하여 나타낼 수 있습니다.

[6~7] 어느 날 바닷물의 온도를 조사하여 나타낸 꺾은선그래프입니다. 물음에 답하세요.

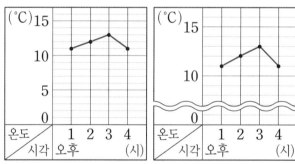

6 ㉮ 그래프와 ㉯ 그래프에서 세로 눈금 한 칸의 크기는 각각 몇 ℃일까요?

㉮ (　　　　　　), ㉯ (　　　　　　)

7 두 그래프의 다른 점에 대해 잘못 말한 사람은 누구인지 이름을 쓰세요.

• 소유: ㉯ 그래프에는 물결선이 있어!
• 진훈: ㉮ 그래프에는 세로 눈금이 5부터 시작해!

(　　　　　　　)

개념 2 꺾은선그래프를 어떻게 그릴까요

1. 꺾은선그래프로 나타내기

오늘의 기온

시각(시)	오전 11	낮 12	오후 1	오후 2	오후 3
기온(℃)	6	8	9	12	11

꺾은선그래프로 나타내는 방법

① 가로와 세로 중 어느 쪽에 조사한 수를 나타낼 것인지 정하기
② 눈금 한 칸의 크기를 정하고, 조사한 수 중에서 가장 큰 수를 나타낼 수 있도록 눈금의 수 정하기
③ 가로와 세로 눈금이 만나는 자리에 점 찍기
④ 점들을 선분으로 잇기
⑤ 꺾은선그래프에 알맞은 제목 쓰기

오늘의 기온 → 표의 제목과 같게 쓰기

2. 물결선을 사용한 꺾은선그래프로 나타내기

윗몸일으키기 횟수

요일	월	화	수	목
횟수(회)	45	47	48	51

윗몸일으키기 횟수

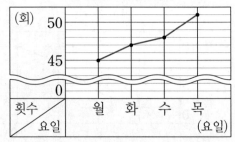

- 물결선은 자료값이 없는 0에서 44 사이에 넣어 꺾은선그래프로 나타냅니다.

- 물결선으로 표시된 것은 세로 눈금의 수가 생략되어 있는 것입니다.

> 꺾은선그래프로 나타낼 때는 점과 점을 선분으로 반듯하게 이어야 해!

개념 확인하기

1 어느 지역의 월별로 심은 나무 수를 조사하여 나타낸 표와 꺾은선그래프입니다. 꺾은선그래프를 완성하세요.

심은 나무 수

월	1	2	3	4
나무 수(그루)	7	6	12	14

심은 나무 수

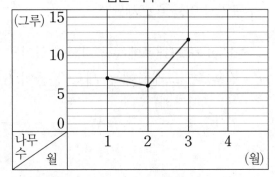

2 주현이의 몸무게를 매월 1일에 재어 나타낸 표를 보고 꺾은선그래프로 나타내려고 합니다. 알맞은 수에 ○표 하세요.

주현이의 몸무게

월	5	6	7	8	9
몸무게(kg)	30.2	30.8	31.2	31.2	32

(1) 꺾은선그래프로 나타낼 때 물결선을 넣는다면 세로 눈금 한 칸은 (0.2 , 2) kg으로 나타냅니다.

(2) 가장 작은 값이 30.2이므로 0과 (30 , 31) 사이에 물결선으로 나타냅니다.

개념 다지기 ▶

[1~4] 민수의 50 m 달리기 기록을 조사하여 나타낸 표입니다. 기록의 변화를 꺾은선그래프로 나타내려고 합니다. 물음에 답하세요.

50 m 달리기 기록

횟수(회)	1	2	3	4
기록(초)	11	8	7	7

1 가로에 횟수를 나타낸다면 세로에는 무엇을 나타내면 좋을까요?

(   )

2 세로 눈금 한 칸의 크기는 몇 초로 하는 것이 좋을지 ○표 하세요.

0.1초   1초

3 ㉠과 ㉡에는 각각 무엇이라고 써야 할까요?

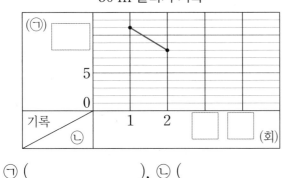

㉠ (   ), ㉡ (   )

4 표를 보고 **3**의 꺾은선그래프를 완성하세요.

[5~7] 3월 서울의 하루 중 최고 기온을 조사하여 나타낸 표입니다. 물음에 답하세요.

하루 중 최고 기온

날짜(일)	7	8	9	10	11
최고 기온(℃)	23.4	23.1	22.6	22.8	23.5

5 표를 보고 꺾은선그래프로 나타낼 때 필요 없는 부분에 물결선을 바르게 그려 넣은 학생은 누구일까요?

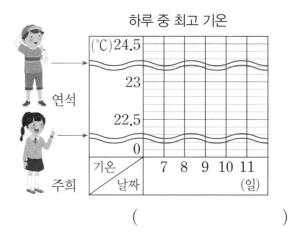

(   )

6 표를 보고 물결선을 사용한 꺾은선그래프로 나타내세요.

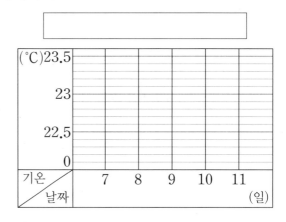

7 기온이 전날에 비해 가장 많이 변한 날은 언제와 언제 사이일까요?

(   )

개념 3 자료를 조사하여 꺾은선그래프를 그려 볼까요 / 꺾은선그래프는 어디에 쓰일까요

1. 자료를 조사하여 꺾은선그래프로 나타내기
예 동계올림픽 경기 종목별 선수 등록 현황

> ① 준비 단계 – 조사할 내용이나 방법 정하기

조사할 내용이나 항목을 정해야 해!

응! 어떻게 조사할 것인지 방법과 대상을 정하자.

> ② 자료 수집, 분류, 집계 단계

인터넷 조사—스포츠 지원 포털 누리집 활용

> ③ 표나 꺾은선그래프로 나타내기

☑참고 하나의 그래프에 두 항목의 변화를 함께 나타낼 수도 있습니다. └●예 색깔을 다르게 하기

2. 글을 읽고 꺾은선그래프로 나타내기

> 어느 축구 경기장의 관중 수는 4월 190명, 5월 240명, 6월 280명, 7월 260명, 8월 230명이었습니다.

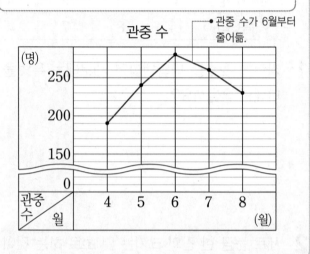

관중 수가 6월부터 줄어듦.

관중 수

개념 확인하기

[1~2] 자료를 수집하여 꺾은선그래프로 나타내려고 합니다. 물음에 답하세요.

> ㉠ 정한 방법대로 조사합니다.
> ㉡ 조사한 내용을 정리합니다.
> ㉢ 표나 꺾은선그래프로 나타냅니다.

1 조사할 주제와 내용을 정한 다음 바로 해야 할 일은 어느 것인지 기호를 쓰세요.

(   )

2 순서에 따라 가장 마지막에 해야 할 일은 어느 것인지 기호를 쓰세요.

(   )

3 진수네 마을의 연도별 4학년 학생 수를 조사하여 나타낸 자료와 꺾은선그래프입니다. 2017년의 4학년 학생 수를 바르게 예상한 것을 찾아 기호를 쓰세요.

연도별 4학년 학생 수는 2013년 100명, 2014년 90명, 2015년 70명, 2016년 40명이야~.

연도별 4학년 학생 수

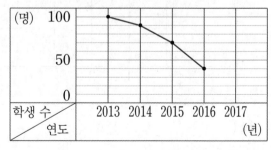

> ㉠ 2016년보다 더 늘어날 것입니다.
> ㉡ 2016년보다 더 줄어들 것입니다.

(   )

▶ 빠른 정답 9쪽, 정답 및 풀이 42쪽

개념 다지기 ▶

[1~4] 영수의 턱걸이 횟수를 매일 조사한 표를 보고 꺾은선그래프로 나타내려고 합니다. 물음에 답하세요.

턱걸이 횟수

요일	월	화	수	목	금	토
횟수(회)	4	6	10	10	12	7

1 가로에 요일을 쓴다면 세로에는 무엇을 나타내면 좋을까요?

( )

2 세로 눈금 한 칸의 크기는 몇 회로 나타내야 할까요?

( )

3 표를 보고 꺾은선그래프로 나타내세요.

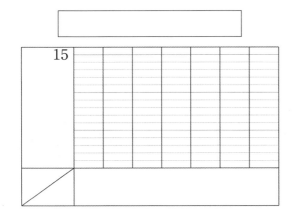

4 턱걸이를 한 횟수가 가장 많은 요일은 무슨 요일일까요?

( )

[5~8] 2월 한 달 동안 낮의 길이와 밤의 길이를 조사하여 꺾은선그래프로 나타내었습니다. 물음에 답하세요.

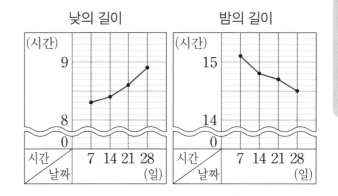

5 낮의 길이는 어떻게 변하고 있을까요?

( )

6 밤의 길이는 어떻게 변하고 있을까요?

( )

7 일주일 후인 3월 7일에 낮의 길이는 몇 시간 몇 분일까요?

( )

8 위 **7**과 같이 생각한 이유를 쓰세요.

이유 _____

_____

유형 1 꺾은선그래프 알아보기

한강의 수온을 조사하여 나타낸 그래프입니다. 이와 같은 그래프를 무엇이라고 할까요?

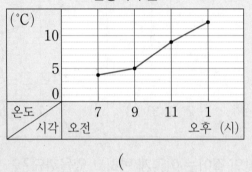

한강의 수온

(　　　　　　　　　　)

유형 코칭

· 꺾은선그래프: 수량을 점으로 표시하고, 그 점들을 선분으로 이어 그린 그래프

[1~2] 지민이의 팔굽혀펴기 횟수를 조사하여 나타낸 꺾은선그래프입니다. 물음에 답하세요.

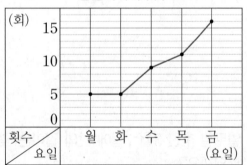

팔굽혀펴기 횟수

1 위 꺾은선그래프에서 가로와 세로가 나타내는 것을 찾아 선으로 이어 보세요.

| 가로 눈금 | • | • | 요일 |
| 세로 눈금 | • | • | 횟수 |

2 세로 눈금 한 칸의 크기는 얼마를 나타내는지 알맞은 것에 ○표 하세요.

(　1회 , 2회 　)

[3~4] 규리네 교실의 온도를 조사하여 나타낸 막대그래프와 꺾은선그래프입니다. 그래프를 보고 물음에 답하세요.

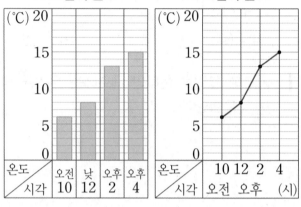

㉮ 교실의 온도　　　㉯ 교실의 온도

3 두 그래프의 같은 점이라고 할 수 없는 것을 찾아 기호를 쓰세요.

> ㉠ 가로에는 시각을 쓰고 세로에는 온도를 나타내었습니다.
> ㉡ 눈금의 크기가 다릅니다.

(　　　　　　　　　　)

창의력

4 막대그래프와 꺾은선그래프의 다른 점을 설명한 것입니다. □ 안에 알맞게 써넣거나 알맞은 말에 ○표 하세요.

(1) 막대그래프는 □□로 나타냈고 꺾은선그래프는 □□으로 나타냈습니다.

(2) 교실의 온도가 몇 시에 가장 많이 높아졌는지 알아보려면 막대그래프는 막대의 (길이 , 두께)를 보고, 꺾은선그래프는 가장 (많이 , 적게) 기울어진 곳을 찾습니다.

유형 2　꺾은선그래프를 보고 내용 알아보기

어느 편의점의 아이스크림 판매량을 조사하여 나타낸 꺾은선그래프입니다. 아이스크림 판매량의 변화가 가장 큰 때는 몇 월과 몇 월 사이일까요?

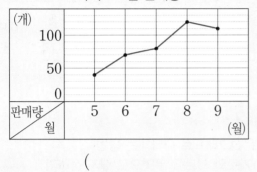

아이스크림 판매량

(　　　　　　　　　)

유형 코칭

• 그래프의 기울기에 따른 변화

변화가 작음.　　변화가 없음.　　변화가 큼.

[5~6] 어느 회사의 불량품 수를 조사하여 나타낸 꺾은선그래프입니다. 물음에 답하세요.

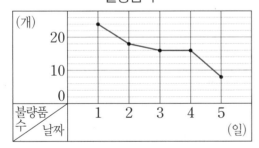

불량품 수

5 알맞은 수에 ○표 하세요.

불량품이 가장 많은 때는 (1 , 5)일입니다.

6 □ 안에 알맞은 수를 써넣으세요.

불량품 개수의 변화가 없는 때는 □일과 □일 사이입니다.

[7~8] 비닐하우스 안의 온도를 조사하여 나타낸 꺾은선그래프입니다. 물음에 답하세요.

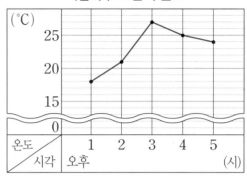

비닐하우스 안의 온도

7 온도가 가장 높은 때는 몇 시이고 그때의 온도는 몇 ℃일까요?

(　　　　　　　), (　　　　　　　　)

8 온도의 변화가 가장 적은 때는 몇 시와 몇 시 사이일까요?

(　　　　　　　　　)

9 물결선을 사용한 꺾은선그래프의 특징을 바르게 설명한 학생은 누구일까요?

수집한 자료를 막대 모양으로 나타낸 그래프야.

지욱

필요 없는 부분을 물결선으로 생략해서 그리면 변화하는 모양을 뚜렷하게 알 수 있어.

지희

(　　　　　　　　　)

[10~12] 한진이의 키를 매월 1일에 측정하여 나타낸 꺾은선그래프입니다. 물음에 답하세요.

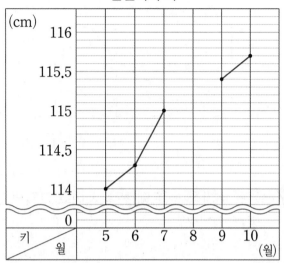

한진이의 키

10 위 꺾은선그래프는 세로 눈금이 물결선 위로 몇 cm부터 시작하였을까요?

(   )

11 7월에는 6월보다 키가 몇 cm 더 컸을까요?

(   )

12 한진이의 키는 8월에 몇 cm였을 것이라고 예상할 수 있을까요?

(   )

유형 3 꺾은선그래프로 나타내기

승훈이가 5일 동안 윗몸일으키기를 하면서 매일 최고 기록을 조사하여 나타낸 표입니다. 표를 보고 꺾은선그래프로 나타낼 때 가로에 요일을 쓴다면 세로에는 무엇을 나타내어야 할까요?

승훈이의 윗몸일으키기 기록

요일	월	화	수	목	금
기록(회)	26	32	40	14	37

(   )

유형 코칭

• 꺾은선그래프로 나타내는 방법
① 가로와 세로를 무엇으로 할지 정하기
② 눈금 한 칸의 크기와 눈금의 수 정하기
③ 가로 눈금과 세로 눈금이 만나는 자리에 점 찍기
④ 점들을 선분으로 잇기
⑤ 꺾은선그래프의 제목 쓰기

13 위 유형 3 의 표를 보고 꺾은선그래프로 나타내려면 세로 눈금 한 칸의 크기를 몇 회로 하는 것이 좋을까요?

(   )

14 꺾은선그래프를 다음과 같은 방법으로 나타내려고 합니다. 알맞은 말에 ○표 하세요.

① 가로와 세로 중 어느 쪽에 조사한 수를 나타낼 것인가를 정합니다.
② 눈금 한 칸의 크기를 정하고, 조사한 수 중에서 가장 (큰 , 작은) 수를 나타낼 수 있도록 눈금의 수를 정합니다.
③ 조사한 수에 맞도록 가로 눈금과 세로 눈금이 만나는 자리에 (점 , 선)을 찍습니다.
④ (점 , 선)들을 선분으로 잇습니다.
⑤ 꺾은선그래프에 알맞은 제목을 붙입니다.

[15~18] 상진이의 팔굽혀펴기 횟수를 조사하여 나타낸 표입니다. 물음에 답하세요.

팔굽혀펴기 횟수

요일	월	화	수	목	금
횟수(회)	11	16	18	15	19

15 변화 정도를 알고 싶은 것은 무엇일까요?

(　　　　　　　　)

16 위의 표를 보고 꺾은선그래프로 나타낼 때 세로 눈금은 적어도 몇 회까지 나타낼 수 있어야 할까요?

(　　　　　　　　)

17 위의 표를 보고 꺾은선그래프로 나타내세요.

팔굽혀펴기 횟수

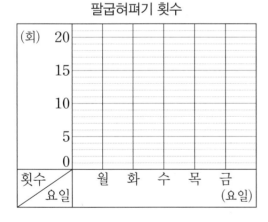

18 위 **17**의 꺾은선그래프에서 팔굽혀펴기 횟수가 전날에 비해 줄어든 요일은 언제일까요?

(　　　　　　　　)

[19~20] 영근이의 멀리뛰기 기록을 조사하여 나타낸 표입니다. 물음에 답하세요.

멀리뛰기 기록

날짜(일)	5	6	7	8	9
기록(cm)	121	116	124	131	129

19 세로 눈금의 시작은 몇 cm에서 하고, 세로 눈금 한 칸은 몇 cm로 하면 좋을까요?

(　　　　　), (　　　　　)

20 위의 표를 보고 물결선을 사용한 꺾은선그래프로 나타내세요.

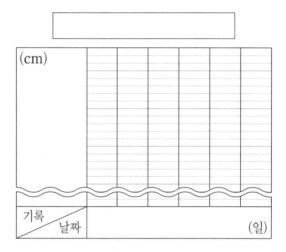

융합력

21 화초의 키를 조사하여 나타낸 꺾은선그래프입니다. 꺾은선그래프를 잘못 그린 이유를 바르게 설명한 사람의 이름을 쓰세요.

화초의 키

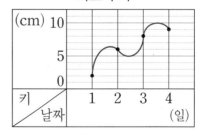

- 다영: 점들을 선분으로 연결해야 하는데 굽은 선으로 연결했어.
- 진오: 점들을 연결한 선분이 끊어졌어.

(　　　　　　　　)

유형 4   자료를 수집하여 꺾은선그래프로 나타내기

자료를 수집하여 꺾은선그래프로 나타내려고 할 때 잘못된 것을 찾아 기호를 쓰세요.

> ㉠ 조사한 내용을 표로 정리한 다음 꺾은선 그래프로 나타냅니다.
> ㉡ 조사 방법에는 인터넷 조사밖에 없습니다.
> ㉢ 가장 먼저 조사할 주제를 정합니다.

(   )

유형 코칭

• 자료를 수집하여 꺾은선그래프로 나타내는 방법
① 조사할 주제를 정합니다.
② 무엇을 조사할지 내용을 정합니다.
③ 어떤 방법으로 조사할지를 정합니다.
④ 정한 방법대로 조사합니다.
⑤ 조사한 내용을 표로 정리하고 꺾은선그래프로 나타냅니다.

[22~23] 선인장의 키를 매월 1일에 조사하여 나타낸 표입니다. 물음에 답하세요.

선인장의 키

월	6	7	8	9	10
키(cm)	6	10	14	16	18

22 표를 보고 꺾은선그래프를 완성하세요.

선인장의 키

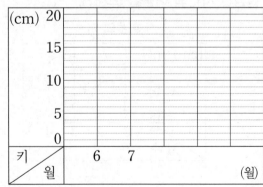

23 선인장의 키는 8월에 7월보다 몇 cm 더 컸을까요?

(   )

[24~26] 준기네 반에서는 역대 동계올림픽에 참가한 우리나라 선수 수를 조사하여 연도별 참가 선수 수의 변화를 알아보려고 합니다. 물음에 답하세요.

24 준기네 반 친구들이 조사하려고 정한 내용은 무엇일까요?

(   )

창의·융합

25 연도별 참가 선수 수를 인터넷으로 조사하여 표로 정리하였습니다. 표를 보고 꺾은선그래프로 나타내세요.

연도별 동계올림픽 참가 선수 수

연도(년)	2002	2006	2010	2014
선수 수(명)	48	40	46	72

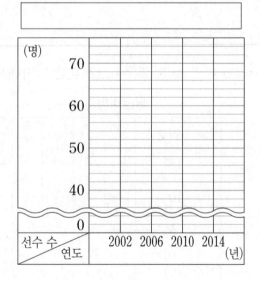

서술형

26 꺾은선그래프를 보고 알 수 있는 내용을 1가지 써 보세요.

_____

_____

유형 5　생활에서 쓰이는 꺾은선그래프 알아보기

인터넷 신문 기사를 읽고 꺾은선그래프를 완성해 보세요.

> **졸음 운전이 원인!!**
> 어느 시에서 늘어나는 교통 사고의 원인을 조사하였더니 졸음 운전, 음주 운전, 과속 운전이 각각 1위, 2위, 3위를 차지했다.

교통 사고 수

월	1	2	3	4	5
사고 수(회)	100	160	200	300	320

교통 사고 수

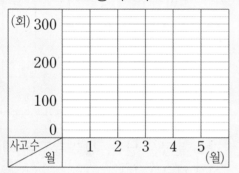

유형 코칭

생활에서 꺾은선그래프를 사용한 예를 찾고 그래프에서 알 수 있는 내용을 이야기해 봅니다.

[27~28] 위 유형 5 의 꺾은선그래프를 보고 물음에 답하세요.

27 교통 사고 수의 변화가 가장 큰 때는 몇 월과 몇 월 사이일까요?

(　　　　　　　　　)

28 졸음 운전으로 인한 교통 사고 수는 어떻게 되고 있다고 말할 수 있을까요?

(　　　　　　　　　)

[29~30] 우리나라의 지진 발생 횟수를 조사하여 나타낸 꺾은선그래프입니다. 물음에 답하세요.

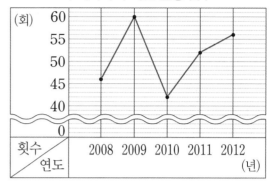

29 2012년의 지진 발생 횟수는 몇 회일까요?

(　　　　　　　　　)

30 지진 발생 횟수가 가장 많은 때는 언제일까요?

(　　　　　　　　　)

서술형

31 어느 지역의 0~14세 인구 수의 변화를 조사하여 나타낸 꺾은선그래프입니다. 그래프를 보고 알 수 있는 사실을 2가지 쓰세요.

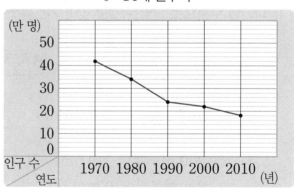

① _____

② _____

응용 유형의 힘

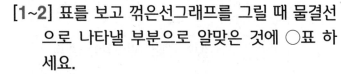

꺾은선그래프를 그리는 데 필요 없는 부분은
물결선(≈)으로 나타낼 수 있습니다.

[1~2] 표를 보고 꺾은선그래프를 그릴 때 물결선
으로 나타낼 부분으로 알맞은 것에 ○표 하
세요.

1

보리 수확량

연도(년)	2013	2014	2015	2016
수확량(kg)	587	593	607	609

• 0 kg부터 580 kg까지 (   )

• 0 kg부터 600 kg까지 (   )

2

토끼의 무게

월	7	8	9	10
무게(kg)	5.3	5.4	4.8	5.1

• 0 kg부터 5 kg까지 (   )

• 0 kg부터 4.5 kg까지 (   )

3 표를 보고 꺾은선그래프를 그릴 때 물결선으로
나타낼 부분으로 알맞은 것을 찾아 기호를 쓰세요.

현규의 발길이

(매월 1일 조사)

월	3	4	5	6
발길이(mm)	203	204	208	210

> ㉠ 200 mm부터 210 mm까지
> ㉡ 0 mm부터 210 mm까지
> ㉢ 0 mm부터 200 mm까지

(   )

• 꺾은선그래프를 보고 알 수 있는 내용
  ① 가로 눈금, 세로 눈금이 나타내는 것
  ② 중간값
  ③ 늘어나거나 줄어드는 변화의 모습, 변화의 정도 비교
  ④ 자료의 변화에 따라 앞으로 변화될 모양 예상

4 그래프에 대한 설명으로 잘못된 것을 찾아 기호
를 쓰세요.

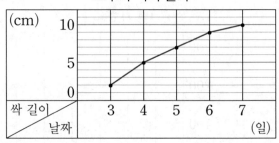

고구마 싹의 길이

> ㉠ 가로 눈금은 날짜, 세로 눈금은 싹의 길
> 이를 나타냅니다.
> ㉡ 6일에 고구마 싹의 길이는 8 cm입니다.

(   )

5 그래프에 대한 설명으로 잘못된 것을 찾아 기호
를 쓰세요.

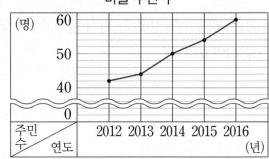

마을 주민 수

> ㉠ 가장 작은 값이 42이므로 물결선 위로
> 40부터 시작합니다.
> ㉡ 2015년의 주민 수는 56명입니다.

(   )

응용 유형 **3**   꺾은선그래프를 보고 표 완성하기

꺾은선그래프에서 세로 눈금 한 칸의 크기를 구합니다.   ➡   가로 눈금이 가리키는 곳의 세로 눈금을 읽어 표를 완성합니다.

6 어느 도시의 쓰레기 배출량을 조사하여 나타낸 꺾은선그래프입니다. 꺾은선그래프를 보고 표를 완성하세요.

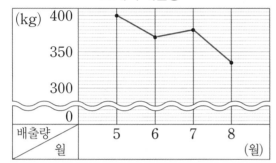

쓰레기 배출량

월	5	6	7	8
배출량(kg)	400			

7 유선이의 키를 매월 1일에 조사하여 나타낸 꺾은선그래프입니다. 꺾은선그래프를 보고 표를 완성하세요.

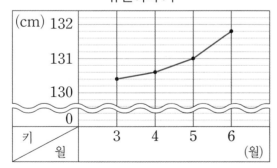

유선이의 키

월	3	4	5	6
키(cm)			131	

응용 유형 **4**   물결선을 사용한 꺾은선그래프로 나타내기

그래프를 그릴 때 꼭 필요한 부분을 찾고 물결선으로 나타낼 부분을 정합니다.

8 준우네 농장의 옥수수 생산량을 조사하여 나타낸 표를 보고 물결선을 사용한 꺾은선그래프로 나타내세요.

옥수수 생산량

연도(년)	2011	2012	2013	2014	2015
생산량(kg)	130	170	160	140	100

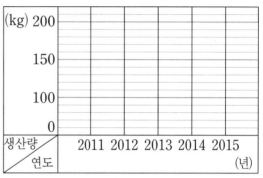

9 쿠키 판매량을 조사하여 나타낸 표를 보고 물결선을 사용한 꺾은선그래프로 나타내세요.

쿠키 판매량

월	3	4	5	6	7
판매량(개)	160	170	200	240	250

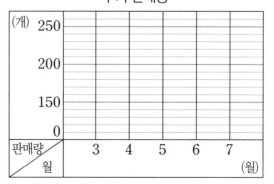

응용 유형 5 알맞은 그래프로 나타내기

- 막대그래프: 자료의 양을 비교할 때, 막대로 나타냄.
- 꺾은선그래프: 자료의 변화 정도를 알아볼 때, 선으로 나타냄.

10 반별로 헌 종이 수거량을 비교하려고 합니다. 막대그래프와 꺾은선그래프 중에서 알맞은 그래프로 나타내어 보세요.

헌 종이 수거량

반	1	2	3	4	5
수거량(kg)	14	7	9	12	11

헌 종이 수거량

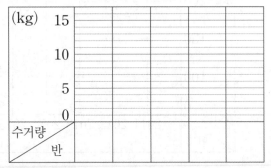

11 토마토 모종의 키의 변화를 알아보려고 합니다. 막대그래프와 꺾은선그래프 중에서 알맞은 그래프로 나타내어 보세요.

토마토 모종의 키

(매월 1일 조사)

월	3	4	5	6	7
키(cm)	4	8	12	15	19

토마토 모종의 키

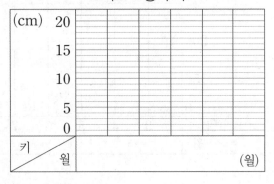

응용 유형 6 꺾은선그래프에서 중간값 예상하기

- 중간값 알아보는 방법
  ① 그래프에서 앞 눈금과 뒤 눈금을 연결한 선분의 가운데에 점을 찍습니다.
  ② 위 ①에서 찾은 점의 세로 눈금을 읽습니다.

12 감기에 걸린 지민이의 체온을 조사하여 나타낸 꺾은선그래프입니다. 목요일에 지민이의 체온은 약 몇 ℃일까요?

지민이의 체온

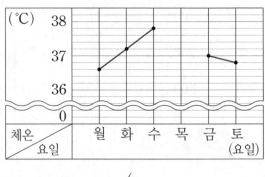

(   )

13 식물의 키를 이틀마다 조사하여 나타낸 꺾은선그래프입니다. 12일의 식물의 키는 약 몇 cm였을 것이라고 예상할 수 있을까요?

식물의 키

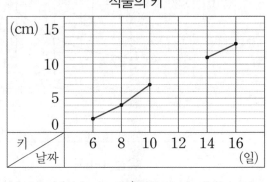

(   )

응용 유형 7 꺾은선그래프를 보고 예상하기

그래프의 꺾은선이 오른쪽 위로 기울어져 있으면 증가하는 그래프이고, 오른쪽 아래로 기울어져 있으면 감소하는 그래프입니다.

14 희정이네 과수원의 배 생산량을 조사하여 나타낸 꺾은선그래프입니다. 3월과 4월 사이의 변화량과 4월과 5월 사이의 변화량이 같다면 5월에는 배 생산량이 약 몇 상자가 될 것이라고 예상할 수 있을까요?

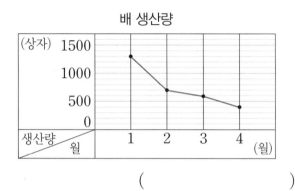

배 생산량

( )

15 민선이네 밭의 배추 생산량을 조사하여 나타낸 꺾은선그래프입니다. 2014년과 2015년 사이의 변화량과 2015년과 2016년 사이의 변화량이 같다면 2016년에는 배추 생산량이 약 몇 kg이 될 것이라고 예상할 수 있을까요?

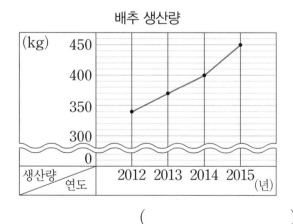

배추 생산량

( )

응용 유형 8 2가지를 나타낸 꺾은선그래프 알아보기

• 두 자료값의 차가 가장 큰 때
 ➡ 두 꺾은선 사이의 간격이 가장 넓을 때
• 두 자료값의 차가 가장 작은 때
 ➡ 두 꺾은선 사이의 간격이 가장 좁을 때

16 진수와 희철이의 몸무게를 매년 3월에 조사하여 나타낸 꺾은선그래프입니다. 두 사람의 몸무게의 차가 가장 큰 때의 몸무게의 차는 몇 kg일까요?

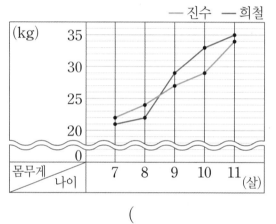

진수와 희철이의 몸무게

( )

17 가 회사와 나 회사의 태블릿 PC 판매량을 조사하여 나타낸 꺾은선그래프입니다. 두 회사의 태블릿 PC 판매량의 차가 가장 큰 때의 판매량의 차는 몇 대일까요?

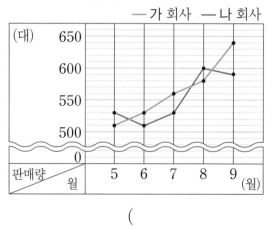

태블릿 PC 판매량

( )

문제 해결력 **서술형** ≫

1-1 나팔꽃의 키를 조사하여 나타낸 꺾은선그래프입니다. 나팔꽃의 키의 변화가 가장 큰 때는 며칠과 며칠 사이입니까?

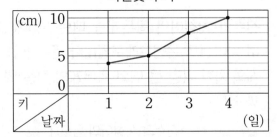

(1) 선분이 가장 많이 기울어진 때는 며칠과 며칠 사이일까요?

(   )

(2) 나팔꽃의 키의 변화가 가장 큰 때는 며칠과 며칠 사이일까요?

(   )

바로 쓰는 **서술형** ≫

1-2 주미네 교실의 온도를 조사하여 나타낸 꺾은선그래프입니다. 온도 변화가 가장 큰 때는 몇 시와 몇 시 사이인지 풀이 과정을 쓰고 답을 구하세요. [5점]

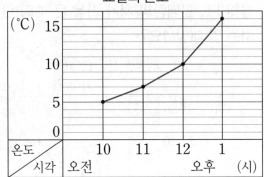

풀이

답 _____

문제 해결력 **서술형** ≫

2-1 지선이의 운동 시간을 조사하여 나타낸 꺾은선그래프입니다. 수요일에 운동한 시간은 화요일에 운동한 시간의 2배만큼이라고 할 때 꺾은선그래프를 완성하세요.

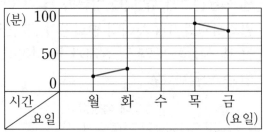

(1) 지선이가 수요일에 운동한 시간은 몇 분일까요?

(   )

(2) 꺾은선그래프를 완성하세요.

바로 쓰는 **서술형** ≫

2-2 진수의 줄넘기 횟수를 조사하여 나타낸 꺾은선그래프입니다. 수요일에 한 횟수가 금요일에 한 횟수의 2배일 때 수요일에 한 줄넘기 횟수는 몇 회인지 구하는 풀이 과정을 쓰고 꺾은선그래프를 완성하세요. [5점]

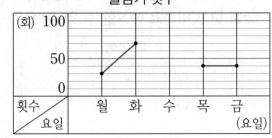

풀이

문제 해결력 **서술형** ≫

3-1 6월의 문자 메시지 사용 요금은 얼마일까요?

고객님께 알려드립니다.
SMS(문자 메시지 1건): 20원

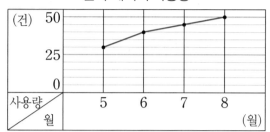

(1) 6월에 사용한 문자 메시지는 몇 건일까요?
(　　　　　　)

(2) 6월의 문자 메시지 사용 요금은 얼마일까요?
(　　　　　　)

바로 쓰는 **서술형** ≫

3-2 어느 문구점의 공책 판매량을 조사하여 나타낸 꺾은선그래프입니다. 공책 한 권의 값이 500원일 때 3월에 공책을 판 돈은 얼마인지 풀이 과정을 쓰고 답을 구하세요. [5점]

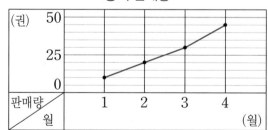

풀이

답 _____

문제 해결력 **서술형** ≫

4-1 은유의 오래 매달리기 기록을 조사하여 나타낸 꺾은선그래프입니다. 세로 눈금 한 칸의 크기를 5초로 하여 다시 그린다면 수요일과 목요일의 세로 눈금은 몇 칸 차이가 날까요?

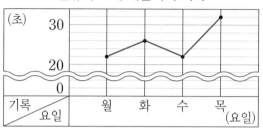

(1) 수요일과 목요일의 오래 매달리기 기록의 차는 몇 초일까요?
(　　　　　　)

(2) 세로 눈금 한 칸의 크기를 5초로 하여 다시 그리면 세로 눈금은 몇 칸 차이가 날까요?
(　　　　　　)

바로 쓰는 **서술형** ≫

4-2 어느 지역의 월별 강수량을 조사하여 나타낸 꺾은선그래프입니다. 세로 눈금 한 칸의 크기를 20 mm로 하여 다시 그린다면 6월과 7월의 세로 눈금은 몇 칸 차이가 나는지 풀이 과정을 쓰고 답을 구하세요. [5점]

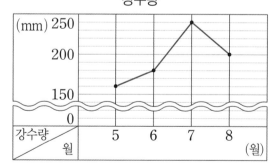

풀이

답 _____

1 수량을 점으로 표시하고, 그 점들을 선분으로 이어 그린 그래프를 무엇이라고 합니까?

(　　　　　　　　)

[2~5] 어느 날 연못의 수온을 조사하여 나타낸 꺾은선그래프입니다. 물음에 답하세요.

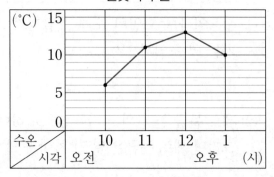

2 꺾은선은 무엇을 나타내는지 알맞은 것에 ○표 하세요.

연못의 수온　　　연못의 깊이
(　　　)　　　　(　　　)

3 세로 눈금 한 칸의 크기는 몇 ℃일까요?

(　　　　　　　　)

4 오후 1시의 수온은 몇 ℃일까요?

(　　　　　　　　)

5 연못의 수온이 가장 낮은 때는 몇 시일까요?

(　　　　　　　　)

6 꺾은선그래프를 그리는 순서대로 기호를 써넣으세요.

> ㉠ 눈금 한 칸의 크기를 정합니다.
> ㉡ 점들을 선분으로 연결합니다.
> ㉢ 가로 눈금과 세로 눈금이 만나는 자리에 점을 찍습니다.
> ㉣ 꺾은선그래프의 제목을 씁니다.
> ㉤ 가로와 세로 중 어느 쪽에 조사한 수를 나타낼지 정합니다.

㉤ → ☐ → ㉢ → ☐ → ☐

[7~9] 지훈이가 월별로 쓴 용돈을 조사하여 나타낸 표입니다. 물음에 답하세요.

쓴 용돈

월	2	3	4	5	6
금액(원)	7600	8300	8000	7800	7500

7 표를 보고 꺾은선그래프를 완성하세요.

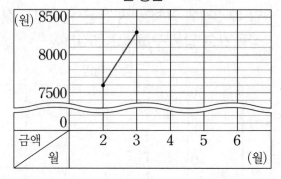

8 위 **7**의 그래프에서 물결선으로 나타낸 부분으로 알맞은 것에 ○표 하세요.

· 0원부터 7400원까지 ·············· (　　　)
· 0원부터 8000원까지 ·············· (　　　)

9 지훈이가 용돈을 가장 많이 쓴 달에는 얼마를 썼을까요?　(　　　　　　　　)

10 개월 수에 따른 아기 몸무게를 나타낸 그래프입니다. 아기 몸무게의 변화를 알아보기 쉬운 그래프에 ○표 하세요.

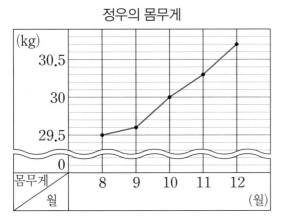

아기의 몸무게   아기의 몸무게

(   )   (   )

[11~13] 정우의 몸무게를 매월 1일에 조사하여 나타낸 꺾은선그래프입니다. 물음에 답하세요.

정우의 몸무게

11 몸무게는 8월에 비하여 12월에 어떻게 변하였을까요?

(   )

12 12월에는 11월보다 정우의 몸무게가 몇 kg 늘었을까요?

(   )

13 9월 16일에 정우의 몸무게는 약 몇 kg일까요?

(   )

14 어느 도서관의 이용자 수를 조사하여 나타낸 꺾은선그래프입니다. 그래프에 대한 설명으로 알맞은 것에 ○표 하세요.

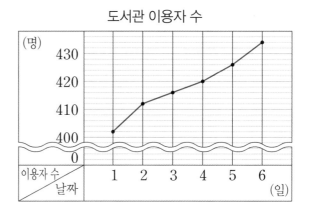

도서관 이용자 수

• 도서관 이용자 수가 매일 꾸준히 줄어들고 있습니다.   (   )

• 4일과 5일에 도서관을 이용한 사람은 모두 846명입니다.   (   )

15 윤영이가 콩나물을 키우면서 매일 오전 9시에 키를 재어 기록한 표입니다. 표를 보고 꺾은선그래프를 완성하세요.

콩나물의 키

요일	월	화	수	목	금	토
키(cm)	16.5	16.9	17.1	17.4	17.9	18.3

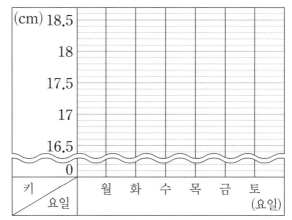

콩나물의 키

16 어느 완구점의 인형 판매량을 조사하여 나타낸 꺾은선그래프입니다. 꺾은선그래프를 보고 표로 나타내세요.

인형 판매량

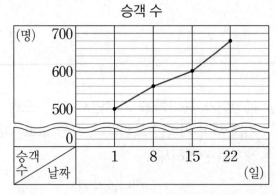

인형 판매량

월	7	8	9	10
판매량(개)				

[17~18] 어느 항공사의 승객 수를 조사하여 나타 낸 꺾은선그래프입니다. 물음에 답하세요.

승객 수

17 꺾은선그래프에 대한 설명으로 <u>잘못된</u> 것을 찾 아 기호를 쓰세요.

> ㉠ 8일에는 1일보다 60명 더 많이 비행기 를 탔습니다.
> ㉡ 승객 수의 변화가 가장 큰 때는 8일과 15일 사이입니다.

(　　　　　)

18 승객 수가 7일 전에 비해 가장 많이 늘어난 때 는 몇 명 늘었을까요?

(　　　　　)

서술형

19 어느 산부인과에서 태어난 신생아 수를 월별로 조사하여 나타낸 꺾은선그래프입니다. 4월부터 7월까지 태어난 아기가 500명이라면 4월의 신 생아 수는 몇 명인지 풀이 과정을 쓰고 답을 구 하세요.

신생아 수

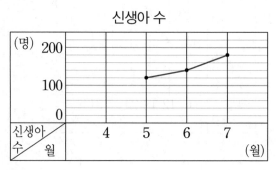

풀이 _____

_____

답 _____

서술형

20 어느 식물원의 방문자 수를 조사하여 나타낸 꺾 은선그래프입니다. 식물원에 방문한 사람 수가 가장 많은 때와 가장 적은 때의 차는 몇 명인지 풀이 과정을 쓰고 답을 구하세요.

식물원 방문자 수

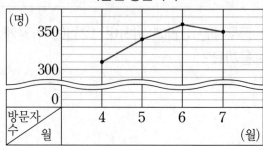

풀이 _____

_____

답 _____

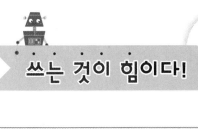

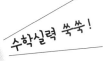
월	일	요일	이름

☆ **5**단원에서 배운 내용을 친구들에게 설명하듯이 써 봐요.

☆ **5**단원에서 배운 내용이 실생활에서 어떻게 쓰이고 있는지 찾아 써 봐요.

🧑 칭찬 & 격려해 주세요.

➜ QR코드를 찍으면
예시 답안을 볼 수
있어요.

6 다각형

개념 카툰 1 다각형 알아보기

개념 카툰 2 정다각형 알아보기

이미 배운 내용
[4-2] 2. 삼각형
[4-2] 4. 사각형

이번에 배우는 내용
✓ 다각형 알아보기
✓ 정다각형 알아보기
✓ 대각선 알아보기
✓ 모양 만들기
✓ 모양 채우기

앞으로 배울 내용
[5-2] 5. 직육면체
[6-1] 2. 각기둥과 각뿔

개념 카툰 **3** 대각선 알아보기

개념 카툰 **4** 모양 만들기

개념의 힘

1. 다각형과 대각선

개념 1 다각형을 알아볼까요, 변의 길이와 각의 크기가 모두 같은 다각형을 알아볼까요

1. 다각형 알아보기

다각형: 선분으로만 둘러싸인 도형
●두 점을 곧게 이은 선

다각형을 변의 수에 따라 분류하였습니다.
●도형의 가장자리에 있는 선분

변: 6개
육각형

변: 7개
칠각형

변: 8개
팔각형

◆개념의 힘

곡선이 포함되어 있으면 다각형이 아닙니다. 선분만 있지만 둘러싸이지 않은 도형은 다각형이 아닙니다.

예
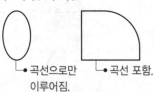

●곡선으로만 이루어짐.

●곡선 포함.

●둘러싸이지 않음.

2. 정다각형 알아보기

정다각형: 변의 길이가 모두 같고 각의 크기가 모두 같은 다각형

→ 네 변의 길이가 모두 같고 네 각의 크기가 모두 같음.

변: 3개
정삼각형

변: 4개
정사각형

→ 여섯 변의 길이가 모두 같고 여섯 각의 크기가 모두 같음.

변: 5개
정오각형

변: 6개
정육각형

마름모는 네 변의 길이가 모두 같아. 하지만 네 각이 모두 같지 않아서 정다각형이 아니야.

개념 확인하기

1 다각형에 ◯표 하세요.

(   ) (   ) (   )

2 오른쪽 다각형을 보고 물음에 답하세요.

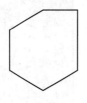

(1) 변이 몇 개 있을까요?

(   )

(2) 다각형의 이름을 쓰세요.

(   )

[3~4] 도형을 보고 물음에 답하세요.

가   나   다
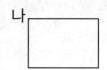

라   마   바

3 정다각형을 모두 찾아 기호를 쓰세요.

(   )

4 정육각형을 찾아 기호를 쓰세요.

(   )

개념 다지기

1 다각형이 <u>아닌</u> 것을 모두 고르세요.

....(　　　　)

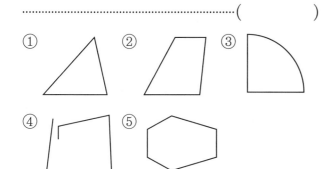

① ② ③
④ ⑤

2 관련 있는 것끼리 이어 보세요.

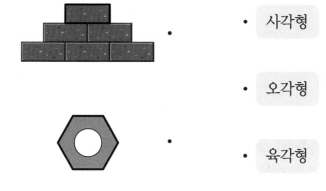

· 사각형

· 오각형

· 육각형

3 정오각형을 모두 찾아 ○표 하세요.

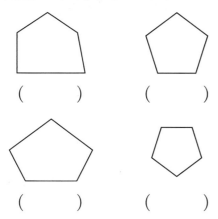

(　) 　 (　)

(　) 　 (　)

4 정다각형의 이름을 쓰세요.

(1)

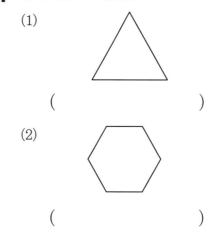

(　　　　　)

(2)

(　　　　　)

5 수가 더 많은 것의 기호를 쓰세요.

> ㉠ 칠각형의 변의 수
> ㉡ 팔각형의 각의 수

(　　　　　)

6 변이 9개인 다각형의 이름을 쓰세요.

(　　　　　)

6

단원

다
각
형

6. 다각형 • **155**

개념 2 대각선을 알아볼까요

1. 대각선 알아보기

대각선: 다각형에서 선분 ㄱㄷ, 선분 ㄴㄹ과 같이 이웃하지 않는 두 꼭짓점을 이은 선분

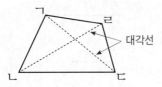

대각선

2. 대각선의 수

삼각형: 0개   사각형: 2개   오각형: 5개

└ 모든 꼭짓점이 서로 이웃하고 있으므로 대각선이 없습니다.

대각선의 수를 셀 때 중복하여 세거나 빠뜨리지 않도록 주의해야 해!

3. 대각선의 성질

• **직사각형의 대각선**

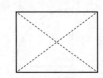

두 대각선은 길이가 같고, 한 대각선이 다른 대각선을 똑같이 둘로 나눕니다.

• **정사각형과 마름모의 대각선**

 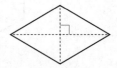

두 대각선은 서로 수직으로 만나고, 한 대각선이 다른 대각선을 똑같이 둘로 나눕니다.

• **한 꼭짓점에서 그을 수 있는 대각선 수**

사각형: 1개   오각형: 2개   육각형: 3개

개념 확인하기

1 색종이를 선을 따라 접었을 때 나타나는 선분 ㄱㄷ을 무엇이라고 할까요?

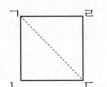

(   )

[2~3] 사각형을 보고 물음에 답하세요.

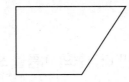

2 사각형에 대각선을 모두 그어 보세요.

3 사각형에 그을 수 있는 대각선은 몇 개일까요?

(   )

[4~5] 그림을 보고 ☐ 안에 알맞은 기호를 써넣으세요.

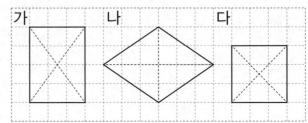

4 두 대각선이 서로 수직으로 만나는 사각형은 ☐, ☐ 입니다.

5 두 대각선의 길이가 같은 사각형은 ☐, ☐ 입니다.

개념 다지기

1 대각선을 바르게 그은 것에 ○표 하세요.

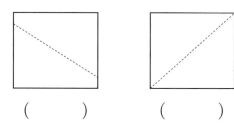

(   )   (   )

2 대각선을 그을 수 <u>없는</u> 도형에 △표 하세요.

사각형   삼각형   육각형

(   )   (   )   (   )

3 사각형의 한 꼭짓점에서 그을 수 있는 대각선은 몇 개일까요?

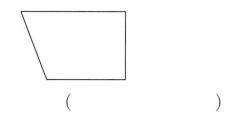

(   )

4 두 대각선의 길이가 같은 사각형에 모두 ○표 하세요.

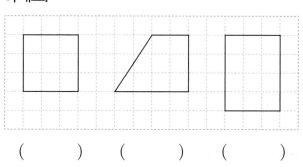

(   )   (   )   (   )

5 사각형의 대각선에 대한 설명으로 <u>틀린</u> 것을 찾아 기호를 쓰세요.

> ㉠ 마름모의 대각선은 한 대각선이 다른 대각선을 똑같이 나누지 않습니다.
> ㉡ 정사각형의 두 대각선은 서로 수직으로 만납니다.

(   )

6 오각형에 대각선을 모두 그어 보고, 대각선의 수는 몇 개인지 쓰세요.

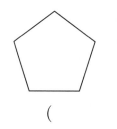

(   )

7 육각형의 대각선의 수는 모두 몇 개일까요?

(   )

6
단원

다
각
형

개념 **3** 모양 만들기를 해 볼까요 / 모양 채우기를 해 볼까요

1. 모양 만들기

(1) 다각형 모양 조각으로 모양 만들기

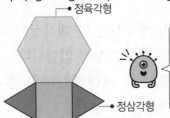

모양 조각이 서로 겹치지 않고 꼭짓점이 맞닿도록 만들어.

(2) 다각형 모양 조각으로 다각형 만들기

① 1가지 모양 조각으로 사다리꼴 만들기

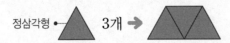

정삼각형 ▲ 3개 →

② 2가지 모양 조각으로 정육각형 만들기

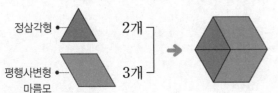

정삼각형 2개
평행사변형 마름모 3개

2. 모양 채우기

(1) 1가지 모양 조각으로 정육각형 채우기

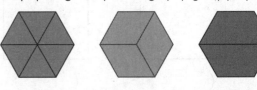

(2) 여러 가지 방법으로 같은 모양을 채우기

① 1가지 모양 조각 ② 2가지 모양 조각

③ 3가지 모양 조각

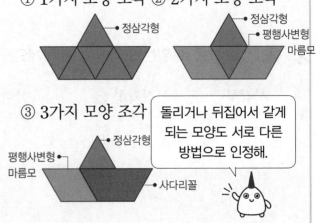

돌리거나 뒤집어서 같게 되는 모양도 서로 다른 방법으로 인정해.

개념 확인하기

1 왼쪽 모양을 만드는 데 사용한 다각형을 모두 찾아 ○표 하세요.

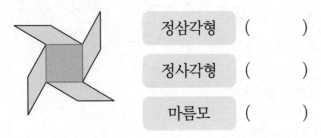

정삼각형 (   )

정사각형 (   )

마름모 (   )

[2~3] 주어진 모양 조각 2개를 사용하여 오른쪽 도형을 만들어 보세요.

2

3

[4~5] 다음 모양 조각으로 평행사변형을 채우려고 합니다. 물음에 답하세요.

4 1가지 모양 조각으로 평행사변형을 채워 보세요.

5 2가지 모양 조각으로 평행사변형을 채워 보세요.

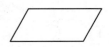

개념 다지기

1 모양을 만드는 데 사용하지 <u>않은</u> 다각형을 찾아 △표 하세요.

(정삼각형 , 정사각형 , 마름모 , 사다리꼴)

2 다음 모양을 만들려면 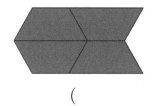 모양 조각은 몇 개 필요할까요?

(   )

3 2가지 모양 조각을 사용하여 사다리꼴을 만들어 보세요.

[4~6] 모양 조각을 보고 물음에 답하세요.

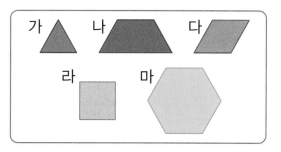

4 가 모양 조각으로 평행사변형을 채워 보세요.

5 모양 조각을 사용하여 서로 다른 방법으로 정삼각형을 채워 보세요. (단, 같은 모양 조각을 여러 번 사용해도 됩니다.)

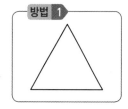

6 가 모양 조각으로 마 모양 조각을 채우려면 가 모양 조각은 몇 개 필요할까요?

(   )

6
단원

다
각
형

유형 1 다각형 알아보기

다각형을 찾아 ○표 하세요.

(   )   (   )   (   )

유형 코칭

• 두 점을 곧게 이은 선

• 다각형: 선분으로만 둘러싸인 도형

다각형	⬡	⬡	⯃
변의 수	6개	7개	8개
이름	육각형	칠각형	팔각형

[1~2] 도형을 보고 물음에 답하세요.

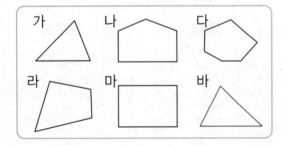

1 다각형을 변의 수에 따라 모두 분류해 보세요.

변의 수	3개	4개	5개	6개
도형	가, 바			

2 육각형을 찾아 기호를 쓰세요.

(   )

3 선분으로만 이루어졌지만 둘러싸이지 않아서 다각형이 <u>아닌</u> 도형을 찾아 기호를 쓰세요.

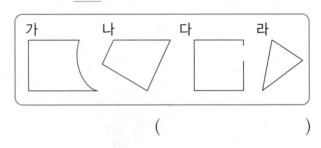

(   )

4 점 종이에 그려진 선분을 이용하여 오각형과 칠각형을 각각 완성하여 보세요.

오각형   칠각형

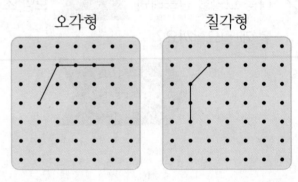

5 각이 8개인 다각형의 이름을 쓰세요.

(   )

유형 2　변의 길이와 각의 크기가 모두 같은 다각형 알아보기

정다각형을 모두 찾아 ○표 하세요.

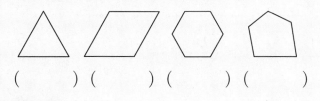

(　　　) (　　　　) (　　　　) (　　　　)

유형 코칭

• 정다각형: 변의 길이가 모두 같고 각의 크기가 모두
같은 다각형

정다각형			
변의 수	3개	4개	5개
이름	정삼각형	정사각형	정오각형

6 정다각형의 이름을 쓰세요.

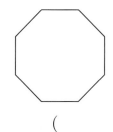

(　　　　　　　)

7 도형을 이루고 있는 모양 조각 중 정다각형을
모두 찾아 색칠하고, 모양 조각의 이름을 모두
쓰세요.

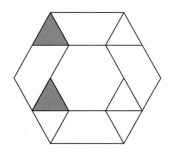

색칠한 모양 조각 이름 _____

8 다음 도형이 정다각형이 <u>아닌</u> 이유를 찾아 기호
를 쓰세요.

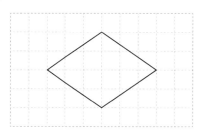

ㄱ 네 변의 길이가 모두 같지 않습니다.
ㄴ 네 각의 크기가 모두 같지 않습니다.

(　　　　　　　)

9 정사각형을 2개 그려 보세요.

10 정다각형입니다. □ 안에 알맞은 수를 써넣으
세요.

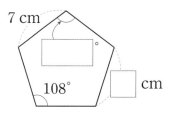

1 STEP 기본 유형의 힘

11 다음 조건 을 모두 만족하는 도형의 이름을 쓰세요.

> 조건
> • 7개의 선분으로 둘러싸여 있습니다.
> • 변의 길이가 모두 같습니다.
> • 각의 크기가 모두 같습니다.

( )

12 한 변이 12 m인 정오각형 모양의 염소 울타리를 치려고 합니다. 울타리는 모두 몇 m일까요?

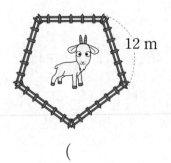

( )

13 정육각형의 한 각의 크기는 120°입니다. 모든 각의 크기의 합은 몇 도일까요?

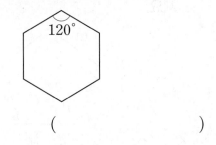

( )

유형 3 대각선 알아보기

대각선을 바르게 그은 것은 어느 것일까요?

( )

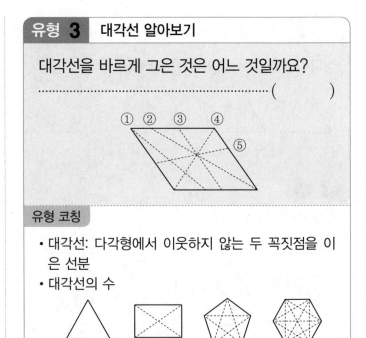

유형 코칭

• 대각선: 다각형에서 이웃하지 않는 두 꼭짓점을 이은 선분
• 대각선의 수

0개	2개	5개	9개

14 대각선인 선분을 모두 찾아 쓰세요.

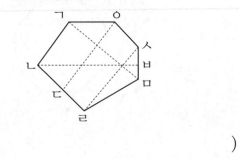

( )

15 육각형의 한 꼭짓점 ㄱ에서 그을 수 있는 대각선은 몇 개일까요?

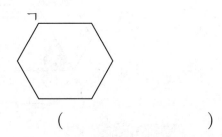

( )

[16~17] 도형을 보고 물음에 답하세요.

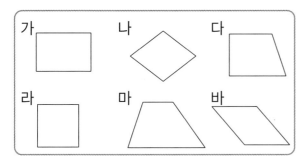

16 두 대각선이 서로 수직인 사각형을 모두 찾아 쓰세요.

(   )

17 두 대각선의 길이가 같고 서로 수직인 사각형을 찾아 기호를 쓰세요.

(   )

18 대각선의 수가 많은 순서대로 □ 안에 알맞은 기호를 써넣으세요.

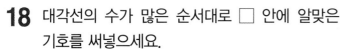

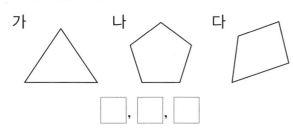

□ , □ , □

19 사각형 ㄱㄴㄷㄹ은 평행사변형입니다. □ 안에 알맞은 수를 써넣으세요.

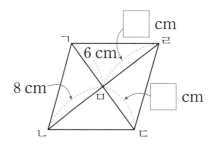

20 사각형 ㄱㄴㄷㄹ은 정사각형입니다. 선분 ㄴㄹ의 길이는 몇 cm일까요?

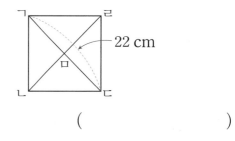

(   )

21 다음 설명에 알맞은 도형에 그을 수 있는 대각선은 모두 몇 개일까요?

• 선분으로만 둘러싸여 있습니다.
• 변이 5개입니다.

(   )

유형 **4** 모양 만들기

모양을 만드는 데 사용한 다각형이 <u>아닌</u> 것을 찾아 △표 하세요.

(삼각형 , 사각형 , 오각형 , 육각형)

유형 코칭

표시한 변의 길이는 모두 같으므로 변끼리 서로 이어 붙일 수 있습니다.

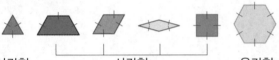

삼각형   사각형   육각형

☑참고 사다리꼴의 긴 변은 다른 변 길이의 2배입니다.

22 다음 모양을 만들려면 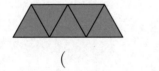 모양 조각은 몇 개 필요할까요?

(   )

23 2가지 모양 조각을 사용하여 사다리꼴을 만들어 보세요.

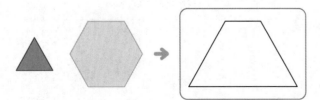

[24~26] 모양 조각을 보고 물음에 답하세요.

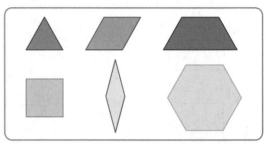

24 1가지 모양 조각을 사용하여 마름모를 만들어 보세요.

25 3가지 모양 조각을 사용하여 정육각형을 만들어 보세요.

26 4가지 모양 조각을 사용하여 물고기 모양을 만들어 보세요. (단, 같은 모양 조각을 여러 번 사용해도 됩니다.)

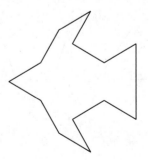

유형 5 모양 채우기

모양을 채우고 있는 다각형의 이름을 쓰세요.

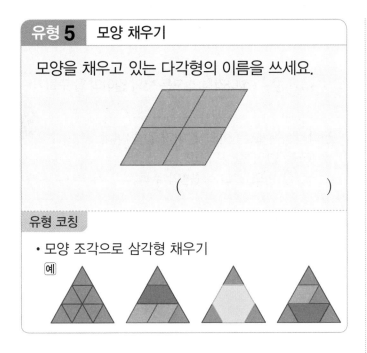

(　　　)

유형 코칭

• 모양 조각으로 삼각형 채우기
예

27 모양을 채우고 있는 다각형이 <u>아닌</u> 것에 △표 하세요.

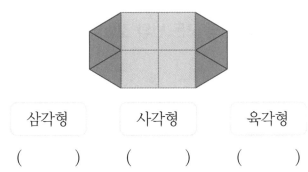

삼각형　　　사각형　　　육각형

(　)　　（ 　)　　（ 　)

28 모양 채우기 방법을 바르게 설명한 것에 ○표 하세요.

변과 변을 이어 붙입니다. (　)

서로 겹치게 이어 붙입니다. (　)

29 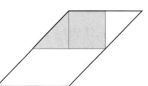 를 모두 사용하여 평행사변형을 채워 보세요. (단, 같은 모양 조각을 여러 번 사용 해도 됩니다.)

[30~31] 모양 조각을 보고 물음에 답하세요.

30 모양 조각을 사용하여 **방법 1**과 다른 방법으로 마름모를 채워 보세요.

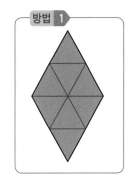 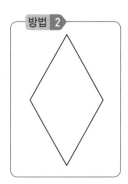

31 3가지 모양 조각을 모두 사용하여 채우기를 해 보세요.

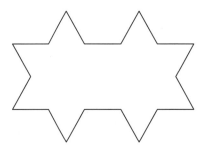

응용 유형 1 도형에 대각선 모두 긋기

한 꼭짓점에 이웃하지 않는 꼭짓점의 수를 세어 각 꼭짓점에서 그 수만큼 대각선을 긋습니다.

1 사각형에 대각선을 모두 그어 보세요.

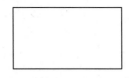

2 오각형에 대각선을 모두 그어 보세요.

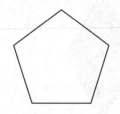

3 육각형에 대각선을 모두 그어 보세요.

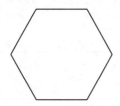

응용 유형 2 정다각형의 모든 변의 길이의 합 구하기

정다각형은 모든 변의 길이가 같습니다.
→ (모든 변의 길이의 합)
　＝(한 변의 길이)×(변의 수)

4 정사각형의 모든 변의 길이의 합은 몇 cm일까요?

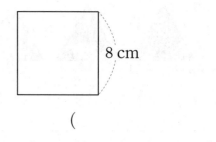

8 cm

(　　　　　　　　　　)

5 정오각형의 모든 변의 길이의 합은 몇 cm일까요?

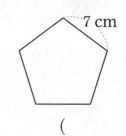

7 cm

(　　　　　　　　　　)

6 정육각형의 모든 변의 길이의 합은 몇 cm일까요?

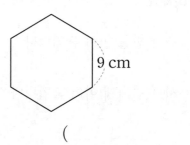

9 cm

(　　　　　　　　　　)

응용 유형 3 　여러 가지 다각형 그리기

- 크기가 다른 다각형 그리기
  ① 작은 정삼각형의 변을 따라 다각형을 그립니다.
  ② 위 ①에서 그린 다각형과 변의 길이를 다르게 하여 다각형을 그립니다.

7 주어진 종이에 크기가 다른 마름모를 2개 그려 보세요.

8 주어진 종이에 크기가 다른 정육각형을 2개 그려 보세요.

9 주어진 종이에 그릴 수 <u>없는</u> 도형을 찾아 기호를 쓰세요.

　　㉠ 정육각형　　　㉡ 평행사변형
　　㉢ 마름모　　　　㉣ 직사각형

(　　　　　　　)

응용 유형 4 　정다각형의 한 변의 길이 구하기

(정다각형의 한 변의 길이)
＝(모든 변의 길이의 합)÷(변의 수)

10 다음 정오각형의 모든 변의 길이의 합은 70 cm 입니다. 한 변의 길이는 몇 cm일까요?

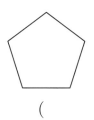

(　　　　　　　)

11 다음 정육각형의 모든 변의 길이의 합은 72 cm 입니다. 한 변의 길이는 몇 cm일까요?

(　　　　　　　)

12 다음 정다각형의 모든 변의 길이의 합은 91 cm 입니다. 한 변의 길이는 몇 cm일까요?

(　　　　　　　)

응용 유형 **5**　그을 수 있는 대각선의 수 구하기

(한 꼭짓점에서 그을 수 있는 대각선 수)
＝(꼭짓점 수)−3
➡ (대각선의 수)
　＝(한 꼭짓점에서 그을 수 있는 대각선 수)
　　×(꼭짓점 수)÷2

13 칠각형에 그을 수 있는 대각선은 모두 몇 개일까요?

(　　　　　　　　　)

14 팔각형에 그을 수 있는 대각선은 모두 몇 개일까요?

(　　　　　　　　　)

15 십각형에 그을 수 있는 대각선은 모두 몇 개일까요?

(　　　　　　　　　)

16 두 도형에 그을 수 있는 대각선 수의 차는 몇 개일까요?

구각형	십일각형

(　　　　　　　　　)

응용 유형 **6**　모양 채우기

· 넓은 모양 조각부터 채워 넣습니다.
· 모양 조각을 뒤집거나 돌려서 다양하게 채울 수 있습니다.

17 왼쪽 모양 조각을 사용하여 오른쪽 모양을 채워 보세요. (단, 같은 모양을 여러 번 사용해도 됩니다.)

[18~19] 보기 의 모양 조각을 사용하여 모양을 채워 보세요. (단, 같은 모양을 여러 번 사용해도 됩니다.)

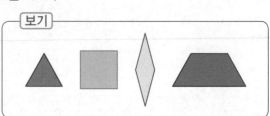

18

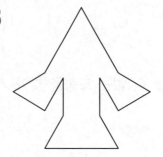

19

응용 유형 7 모양 조각으로 만들 수 없는 도형 찾기

모양 조각의 변끼리 이어 붙여서 주어진 다각형을 채워 봅니다.

20 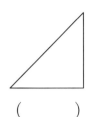, 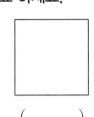 를 모두 사용하여 만들 수 <u>없는</u> 도형을 찾아 ×표 하세요.

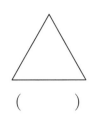

( ) ( ) ( )

21 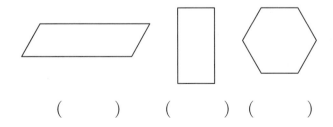 를 모두 사용하여 만들 수 <u>없는</u> 도형을 찾아 ×표 하세요.

( ) ( ) ( )

응용 유형 8 직사각형에 대각선을 그어서 생긴 삼각형의 한 각의 크기 구하기

① 직사각형의 한 각이 90°임을 이용하여 삼각형의 한 각을 구합니다.
② 대각선 길이의 성질을 알고 어떤 삼각형인지 알아봅니다.
③ 삼각형의 세 각의 크기의 합이 180°임을 이용하여 각도를 구합니다.

22 사각형 ㄱㄴㄷㄹ은 직사각형입니다. 각 ㅁㄹㄷ의 크기는 몇 도일까요?

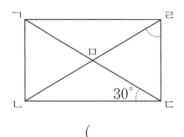

( )

23 사각형 ㄱㄴㄷㄹ은 직사각형입니다. 각 ㅁㄴㄷ의 크기는 몇 도일까요?

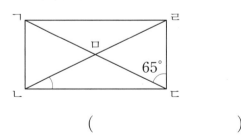

( )

6
단원

다
각
형

문제 해결력 **서술형** ≫

1-1 다음 삼각형 모양을 채울 때 모양 조각은 몇 개 필요할까요?

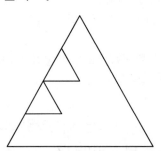

(1) 위 모양에 선을 그어 모양 조각으로 나누어 보세요.

(2) 모양 조각은 몇 개 필요할까요?

(   )

문제 해결력 **서술형** ≫

2-1 다음 도형은 정사각형이 아닙니다. 그 이유를 완성하여 보세요.

이유 각의 크기가 모두 _____

변의 길이가 모두 _____

_____

바로 쓰는 **서술형** ≫

1-2 다음 육각형 모양을 채울 때  모양 조각은 몇 개 필요할까요? [5점]

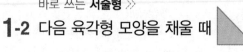

풀이

답 _____

바로 쓰는 **서술형** ≫

2-2 다음 도형은 정육각형이 아닙니다. 그 이유를 써 보세요. [5점]

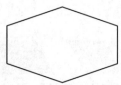

이유

문제 해결력 **서술형** ≫

3-1 직사각형 ㄱㄴㄷㄹ에서 삼각형 ㄱㄴㅁ의 세 변의 길이의 합은 몇 cm일까요?

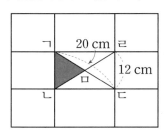

(1) 선분 ㄱㅁ의 길이는 몇 cm일까요?

(　　　　　)

(2) 선분 ㄴㅁ의 길이는 몇 cm일까요?

(　　　　　)

(3) 삼각형 ㄱㄴㅁ의 세 변의 길이의 합은 몇 cm일까요?

(　　　　　)

바로 쓰는 **서술형** ≫

3-2 오른쪽 직사각형 ㄱㄴㄷㄹ 에서 삼각형 ㄱㄴㅁ의 세 변의 길이의 합은 몇 cm인 지 풀이 과정을 쓰고 답을 구하세요. [5점]

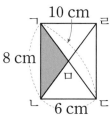

풀이

답 ＿＿＿＿＿＿＿＿＿＿＿＿＿＿＿＿

문제 해결력 **서술형** ≫

4-1 정오각형에서 ㉠의 크기는 몇 도일까요?

(1) 정오각형을 삼각형 3개로 나누어 보세요.

(2) 정오각형의 모든 각의 크기의 합은 몇 도일까요?

(　　　　　)

(3) ㉠의 크기는 몇 도일까요?

(　　　　　)

바로 쓰는 **서술형** ≫

4-2 오른쪽 도형은 정팔각형입니다. ㉠의 크기는 몇 도인지 풀이 과 정을 쓰고 답을 구하세요. [5점]

풀이

답 ＿＿＿＿＿＿＿＿＿＿＿＿＿＿＿＿

6
단원

다
각
형

[1~3] 도형을 보고 물음에 답하세요.

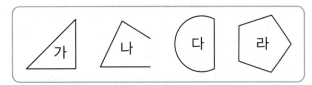

1 다각형을 모두 찾아 기호를 쓰세요.

(　　　　　　　)

2 정다각형을 찾아 기호를 쓰세요.

(　　　　　　　)

3 위 **2**에서 찾은 정다각형의 이름을 쓰세요.

(　　　　　　　)

4 도형에 대각선을 모두 그어 보세요.

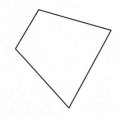

5 점 종이에 그려진 선분을 이용하여 육각형을 완성해 보세요.

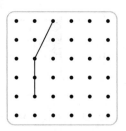

6 다음 사다리꼴을 채우고 있는 다각형의 이름을 모두 쓰세요.

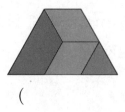

(　　　　　　　)

7 도형은 정다각형입니다. □ 안에 알맞은 수를 써넣으세요.

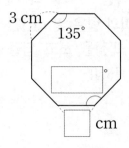

8 다음 모양을 만들려면 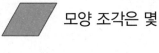 모양 조각은 몇 개 필요할까요?

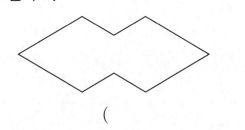

(　　　　　　　)

[9~10] 사각형을 보고 물음에 답하세요.

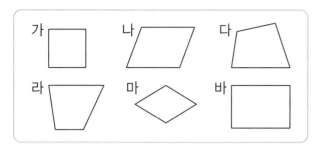

9 두 대각선의 길이가 같은 사각형을 모두 찾아 기호를 쓰세요.

( )

10 두 대각선이 서로 수직으로 만나는 사각형을 모두 찾아 기호를 쓰세요.

( )

11 다음 다각형에 그을 수 있는 대각선은 몇 개일까요?

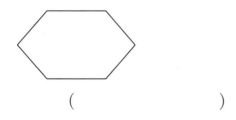

( )

12 한 변이 9 cm인 정팔각형의 모든 변의 길이의 합은 몇 cm일까요?

( )

[13~14] 모양 조각을 보고 물음에 답하세요.

13 1가지 모양 조각으로 오각형을 채워 보세요.

14 2가지 모양 조각으로 서로 다른 방법으로 정육각형을 채워 보세요. (단, 같은 모양 조각을 여러 번 사용해도 됩니다.)

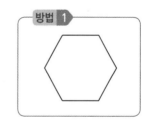

15 대각선의 수가 가장 많은 도형을 찾아 기호를 쓰세요.

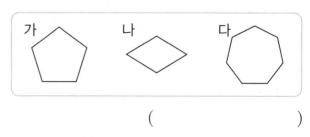

( )

16 사각형 ㄱㄴㄷㄹ은 정사각형입니다. 선분 ㄱㅁ 의 길이는 몇 cm일까요?

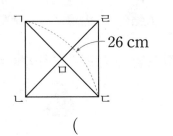

(   )

17 모양 조각을 사용하여 다음 모양을 만들어 보세요. (단, 같은 모양 조각을 여러 번 사용해도 됩니다.)

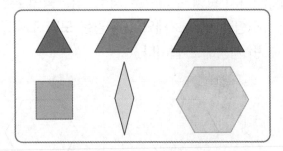

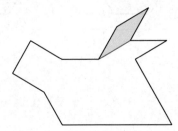

18 다음 도형은 정육각형입니다. 한 각의 크기는 몇 도일까요?

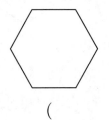

(   )

19 다섯 변의 길이의 합이 65 cm인 정오각형의 한 변의 길이는 몇 cm인지 풀이 과정을 쓰고 답을 구하세요.

풀이 _____

_____

_____

_____

답 _____

20 사각형 ㄱㄴㄷㄹ은 직사각형입니다. 각 ㄴㅁㄷ 의 크기는 몇 도인지 풀이 과정을 쓰고 답을 구하세요.

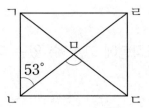

풀이 _____

_____

_____

_____

답 _____

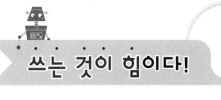

6단원 수학일기

월	일	요일	이름

☆ 6단원에서 배운 내용을 친구들에게 설명하듯이 써 봐요.

☆ 6단원에서 배운 내용이 실생활에서 어떻게 쓰이고 있는지 찾아 써 봐요.

칭찬 & 격려해 주세요.

➜ QR코드를 찍으면
예시 답안을 볼 수
있어요.

수학의 힘을 더! 완벽하게 만들어주는
보충 자료를 받아보시겠습니까?

YES	NO

#차원이_다른_클라쓰
#강의전문교재
#초등교재

수학교재

●수학리더 시리즈
- 수학리더 [연산]   예비초~6학년/A·B단계
- 수학리더 [개념]   1~6학년/학기별
- 수학리더 [기본]   1~6학년/학기별
- 수학리더 [유형]   1~6학년/학기별
- 수학리더 [기본＋응용]   1~6학년/학기별
- 수학리더 [응용·심화]   1~6학년/학기별
- 신간 수학리더 [최상위]   3~6학년/학기별

●독해가 힘이다 시리즈 *문제해결력
- 수학도 독해가 힘이다   1~6학년/학기별
- 신간 초등 문해력 독해가 힘이다 문장제 수학편   1~6학년/단계별

●수학의 힘 시리즈
- 수학의 힘 알파[실력]   3~6학년/학기별
- 수학의 힘 베타[유형]   1~6학년/학기별

●Go! 매쓰 시리즈
- Go! 매쓰(Start) *교과서 개념   1~6학년/학기별
- Go! 매쓰(Run A/B/C) *교과서+사고력   1~6학년/학기별
- Go! 매쓰(Jump) *유형 사고력   1~6학년/학기별

●계산박사   1~12단계

월간교재

●NEW 해법수학   1~6학년
●해법수학 단원평가 마스터   1~6학년 / 학기별
●월간 무등생평가   1~6학년

전과목교재

●리더 시리즈
- 국어   1~6학년/학기별
- 사회   3~6학년/학기별
- 과학   3~6학년/학기별

수학의 힘

정답및풀이

기본 실력서

★ 개념+기본+응용+서술형 유형

4·2

α 실력

정답 및 풀이
포인트 ③가지

▶ 빠른 정답과 혼자서도 이해할 수 있는 친절한 문제 풀이

▶ 문제 해결에 필요한 핵심 내용 또는
  틀리기 쉬운 내용을 담은 참고 및 주의 사항

▶ 모범 답안 및 단계별 채점 기준과 배점 제시로
  실전 서술형 문항 완벽 대비

빠른 정답

연산의 힘

| 2쪽 | 1. 분수의 덧셈과 뺄셈 |

1 $\frac{4}{5}$　　**2** $\frac{3}{4}$　　**3** $\frac{6}{7}$　　**4** $\frac{7}{9}$

5 $1\frac{3}{6}(=\frac{9}{6})$　　　**6** $1\frac{4}{11}(=\frac{15}{11})$

7 $1\frac{3}{10}(=\frac{13}{10})$　　**8** $1\frac{4}{8}(=\frac{12}{8})$

9 $\frac{2}{6}$　　**10** $\frac{1}{7}$　　**11** $\frac{2}{8}$　　**12** $\frac{4}{11}$

13 $\frac{1}{2}$　　**14** $\frac{1}{4}$　　**15** $\frac{4}{8}$　　**16** $\frac{2}{9}$

| 3쪽 | |

1 1, 3, 3, 3, 3

2 4, 2, 6, 1, 1, 7, 1

3 15, 37, 6, 1　　　**4** $3\frac{9}{11}$

5 $4\frac{8}{9}$　　**6** $4\frac{4}{6}$　　**7** $2\frac{14}{15}$

8 $7\frac{1}{5}$　　**9** $7\frac{2}{4}$　　**10** $10\frac{2}{7}$

11 $9\frac{5}{8}$　　**12** $14\frac{1}{13}$　　**13** $6\frac{5}{10}$

| 4쪽 | |

1 $\frac{1}{3}$　　　**2** $1\frac{3}{5}$

3 $2\frac{2}{6}$　　**4** $3\frac{2}{8}$　　**5** $\frac{3}{9}$　　**6** $\frac{4}{10}$

7 $3\frac{6}{14}$　　**8** $4\frac{3}{15}$　　**9** $1\frac{2}{7}$

10 $3\frac{3}{11}$　　**11** $1\frac{2}{4}$　　**12** $\frac{3}{14}$　　**13** $2\frac{2}{5}$

14 $1\frac{2}{9}$　　**15** $2\frac{2}{8}$　　**16** $4\frac{1}{13}$

| 5쪽 | |

1 12, 3, 12, 1, 6, 1, 6

2 8, 2, 8, 1, 3, 1, 3

3 8, 8, 1, 3

4 $1\frac{2}{3}$　　**5** $\frac{4}{5}$　　**6** $3\frac{4}{8}$

7 $\frac{5}{7}$　　**8** $\frac{8}{9}$　　**9** $\frac{6}{8}$

10 $3\frac{4}{10}$　　**11** $2\frac{8}{14}$　　**12** $2\frac{2}{7}$

13 $1\frac{13}{15}$

| 6쪽 | |

1 $\frac{5}{7}$　　　**2** $\frac{2}{8}$

3 $\frac{2}{5}$　　**4** $3\frac{5}{6}$　　**5** $2\frac{4}{10}$

6 $1\frac{5}{9}(=\frac{14}{9})$　　**7** $\frac{2}{11}$　　**8** $1\frac{3}{5}$

9 $2\frac{1}{4}$　　**10** $1\frac{10}{11}$　　**11** $4\frac{6}{9}$

12 $8\frac{2}{7}$　　**13** $1\frac{7}{10}$　　**14** $7\frac{10}{12}$

15 $9\frac{4}{8}$　　**16** $4\frac{19}{20}$

| 7쪽 | 2. 삼각형 |

1 3　　**2** 8　　**3** 2, 2

4 4, 4　　**5** 40　　**6** 30, 30

7 8　　**8** 11　　**9** 60

10 60, 60

| 8쪽 | |

1 예　　**2** 직

3 둔　　**4** 예　　**5** 예

6 둔　　**7** 둔　　**8** 직

9 둔각삼각형　　**10** 예각삼각형

11 예각삼각형　　**12** 둔각삼각형

| 9쪽 | 3. 소수의 덧셈과 뺄셈 |

1 영점 영영일　　**2** 영점 영칠이

3 영점 일육구　　**4** 칠점 삼칠오

5 0.05　　**6** 0.128　　**7** 24

8 435　　**9** 0.04　　**10** 0.08

11 0.002　　**12** 0.2

| 10쪽 | **1** 0.79, 7.9 |

2 358, 3580　　**3** 0.21, 0.021

4 100　　**5** 10　　**6** 10

7 1000　　**8** >　　**9** <

10 <　　**11** >　　**12** <

13 <　　**14** >　　**15** >

| 11쪽 | **1** 0.9　　**2** 2.4　　**3** 4.1 |

4 1.4　　**5** 2.3　　　**6** 7.5

7 1.5　　　　**8** 3.2

9 4.5　　　　**10** 10.4

11 0.79　　**12** 5.84　　**13** 8.84

14 0.96　　**15** 6.01　　**16** 14.97

17 0.63　　　　**18** 0.83

19 15.32　　　　**20** 9.37

| 12쪽 | **1** 0.6　　**2** 0.9　　**3** 2.5 |

4 0.4　　**5** 2.4　　**6** 5.8

7 0.5　　　　**8** 0.8

9 0.7　　　　**10** 1.6

11 0.42　　**12** 0.53　　**13** 2.75

14 1.04　　**15** 1.12　　**16** 7.08

17 0.22　　　　**18** 5.25

19 4.86　　　　**20** 13.52

| 13쪽 | **1** 0.9　　**2** 1.3　　**3** 0.96 |

4 0.31　　**5** 0.88　　**6** 6.94

7 8.32　　**8** 18.12　　**9** 4.89

10 2.3　　**11** 1.5　　**12** 2.4

13 0.82　　**14** 2.04　　**15** 7.82

16 21.32　　**17** 4.89

| 14쪽 | 4. 사각형 |

1 가, 다　　**2** 가, 라　　**3** ×

4 ○　　**5** ○　　**6** 나, 다

7 가, 나　　**8** 변 ㄹㄷ　　**9** 변 ㅁㄹ

| 15쪽 | **1** ○　　**2** × |

3 ○　　**4** ○　　**5** 가, 다

6 80　　**7** 10　　**8** 130, 50

9 8, 9

| 16쪽 | **1** 105　　**2** 6 |

3 40, 140　　　　**4** 8

5 가, 나, 다, 라, 마

6 가, 나, 다, 라

7 다, 라　　**8** 가, 라　　**9** 라

빠
른
정
답

1단원 분수의 덧셈과 뺄셈

8~9쪽 개념의 힘

개념 확인하기

1 $\dfrac{3}{5}$　　　　**2** 3, 2, 5, $\dfrac{5}{8}$

3 (1)

　　(2) 6, 10, 1, 3

개념 다지기

1 10 / 7, 3, 10, 1, 2

2 (1) $\dfrac{8}{9}$　(2) $1\dfrac{2}{7}\left(=\dfrac{9}{7}\right)$

3 (1) $\dfrac{6}{7}$　(2) $1\dfrac{3}{13}\left(=\dfrac{16}{13}\right)$

4 $\dfrac{11}{12}$　　　　**5** $1\dfrac{3}{11}$

6 $\dfrac{3}{4}+\dfrac{3}{4}=1\dfrac{2}{4}\left(=\dfrac{6}{4}\right)$, $1\dfrac{2}{4}\left(=\dfrac{6}{4}\right)$ kg

10~11쪽 개념의 힘

개념 확인하기

1 (1) 예
　　　(2) 2, 3

2 (1) 7, 7, 3, 4　(2) 3, 7, 3, 4

개념 다지기

1 5 / 5　　　　**2** 7, 4, 3, 4, 3

3 $1-\dfrac{4}{12}=\dfrac{12}{12}-\dfrac{4}{12}=\dfrac{12-4}{12}=\dfrac{8}{12}$

4 $\dfrac{9}{15}$

5 (위에서부터) $\dfrac{1}{10}$, $\dfrac{4}{9}$

6 $\dfrac{7}{10}-\dfrac{4}{10}=\dfrac{3}{10}$, $\dfrac{3}{10}$ m

12~13쪽 개념의 힘

개념 확인하기

1 (1) 예
　　　(2) 1, 3, 3, 4, 3, 4

2 4, 1 / 1, 1, 4, 1

개념 다지기

1 20 / 13, 7, 13, 7, 20, 2, 2

2 (1) $5\dfrac{6}{8}$　(2) $6\dfrac{3}{10}$

3 $1\dfrac{6}{7}+3\dfrac{2}{7}=\dfrac{13}{7}+\dfrac{23}{7}=\dfrac{36}{7}=5\dfrac{1}{7}$

4 $4\dfrac{4}{8}$, $10\dfrac{3}{5}$　　　**5** $5\dfrac{4}{6}$

6 $4\dfrac{4}{5}+2\dfrac{2}{5}=7\dfrac{1}{5}$, $7\dfrac{1}{5}$ kg

14~17쪽 1 STEP 기본 유형의 힘

유형 1 6

1 (1) 예
　　　(2) 3, 8, 1, 2

2 (1) $\dfrac{9}{15}$　(2) $1\dfrac{1}{9}\left(=\dfrac{10}{9}\right)$

3 $\dfrac{7}{8}$

4 $\dfrac{10}{14}+\dfrac{9}{14}=\dfrac{10+9}{14}=\dfrac{19}{14}=1\dfrac{5}{14}$

5 $\dfrac{2}{13}+\dfrac{5}{13}=\dfrac{7}{13}$, $\dfrac{7}{13}$ L

유형 2 3

6 5 / 7, 2, 5　　　**7** 5, 2, 3, 3

8 (1) $\dfrac{3}{15}$　(2) $\dfrac{2}{19}$　　**9** $\dfrac{4}{10}$

10 $\dfrac{4}{12}$　　　　**11** <

12 $\dfrac{6}{7}-\dfrac{3}{7}=\dfrac{3}{7}$, $\dfrac{3}{7}$ m

유형 3 7, 7, 2

13 8, 4　　　　**14** 5, 3, 2

15 (위에서부터) $\dfrac{1}{7}$, $\dfrac{9}{13}$

16 $\dfrac{5}{14}$　　　　**17** $\dfrac{2}{9}$

유형 4 8, 5, 1

18 16 / 12, 12, 16, 2, 2

19 (1) $8\dfrac{6}{8}$　(2) $7\dfrac{2}{11}$

20 $9\dfrac{6}{10}$ cm　　　**21** $4\dfrac{8}{11}$, $7\dfrac{3}{11}$

22 $2\dfrac{2}{5}+2\dfrac{1}{5}=4\dfrac{3}{5}$, $4\dfrac{3}{5}$ L

18~19쪽 개념의 힘

개념 확인하기

1 (1) 예
　　　(2) 1, 2, 2, 2, 2, 2

2 (위에서부터) 8, 4, 4 / 8, 4, 8, 4, 4, 1, 1

개념 다지기

1 1, 2, 1, 1, 1, 1

2 (1) $1\dfrac{2}{5}$　(2) $3\dfrac{4}{9}$　　**3** $3\dfrac{3}{13}$

4 $2\dfrac{4}{5}-1\dfrac{3}{5}=\dfrac{14}{5}-\dfrac{8}{5}=\dfrac{6}{5}=1\dfrac{1}{5}$

5 (위에서부터) $1\dfrac{1}{9}$, $4\dfrac{6}{9}$

6 (○) ( )

7 $8\dfrac{9}{14}-4\dfrac{5}{14}=4\dfrac{4}{14}$, $4\dfrac{4}{14}$ kg

20~21쪽 개념의 힘

개념 확인하기

1 16, 3, 13, 16, 3, 13, 3, 1

2 3, 2, 2

3 1, 4 / 5, 5, 1, 4, 1, 4

개념 다지기

1 $2\dfrac{1}{6}$　　　　**2** (1) $4\dfrac{1}{7}$　(2) $5\dfrac{5}{9}$

3 $2\dfrac{11}{15}$

4 $6-4\dfrac{3}{5}=\dfrac{30}{5}-\dfrac{23}{5}=\dfrac{7}{5}=1\dfrac{2}{5}$

5 $2\dfrac{5}{11}$, $2\dfrac{3}{4}$

6 $2-\dfrac{3}{4}=1\dfrac{1}{4}$, $1\dfrac{1}{4}$ km

22~23쪽 개념의 힘

개념 확인하기

1 1, 3 / 5, 1, 5, 1, 3, 1, 3

2 10, 5, 5, 5, 1, 2

3 6, $1\frac{4}{5}$

개념 다지기

1 (예) /

1, 2

2 $2\frac{4}{7}$ **3** $5\frac{6}{9}$ **4** $1\frac{9}{13}$

5 $4\frac{3}{6}$ kg **6** $\frac{2}{3}$

7 $6\frac{4}{12}-3\frac{7}{12}=2\frac{9}{12}$, $2\frac{9}{12}$ kg

24~27쪽 1 STEP 기본 유형의 힘

유형 5 3, 3

1 (1) (예)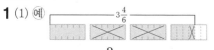

(2) 2, 1, 1, 3, $1\frac{3}{6}$

2 $4\frac{8}{10}-1\frac{5}{10}=\frac{48}{10}-\frac{15}{10}=\frac{33}{10}=3\frac{3}{10}$

3 $3\frac{5}{12}$ **4** $4\frac{6}{9}$

5 $9\frac{6}{17}-3\frac{3}{17}=6\frac{3}{17}$, $6\frac{3}{17}$ kg

유형 6 7, 4, 4

6 (위에서부터) 20, 11, 9 / 20, 9, 11, 2, 1

7 6, 5, 1, 6, 5, 1 **8** (1) $4\frac{4}{6}$ (2) $6\frac{5}{8}$

9 우민 **10** $1\frac{5}{9}$ **11** 4, $2\frac{4}{7}$

12 $3-\frac{5}{6}=2\frac{1}{6}$, $2\frac{1}{6}$ kg

13 $40-25\frac{7}{12}=14\frac{5}{12}$, $14\frac{5}{12}$ kg

유형 7 4, 2, 2

14 5, 2, 1, 5, 3, 1, 2, 1, 2

15 (1) $4\frac{7}{9}$ (2) $11\frac{3}{10}$

16 $1\frac{5}{6}$

17 $5\frac{1}{7}-2\frac{2}{7}=\frac{36}{7}-\frac{16}{7}=\frac{20}{7}=2\frac{6}{7}$

18 <   **19** $\frac{8}{15}$ m   **20** $1\frac{10}{11}$ km

21 $5\frac{4}{12}-3\frac{8}{12}=1\frac{8}{12}$, $1\frac{8}{12}$ kg

28~31쪽 2 STEP 응용 유형의 힘

1 $\frac{8}{9}$ **2** $3\frac{1}{7}$

3 $3\frac{3}{11}$ **4** $9\frac{1}{8}$

5 = **6** >

7 ㉡ **8** ㉡

9 $8\frac{2}{6}$ **10** $2\frac{1}{8}$

11 $4\frac{6}{9}$ **12** $\frac{7}{12}$, $\frac{4}{12}$

13 $\frac{4}{9}$, $\frac{1}{9}$ **14** $\frac{8}{11}$, $\frac{4}{11}$

15 $\frac{5}{8}$, $\frac{3}{8}$

16 $5\frac{2}{6}$ **17** $4\frac{5}{7}$

18 $2\frac{4}{9}$ **19** $2\frac{5}{8}$

20 2, 3 / $1\frac{4}{7}$ **21** 6, 5 / $\frac{3}{8}$

22 1, 4 / $\frac{3}{6}$

23 4, 5, 6, 7 **24** 1, 2

25 1, 2, 3, 4 **26** 6 m

27 $11\frac{2}{7}$ m

32~33쪽 3 STEP 서술형의 힘

1-1 (1) $1\frac{2}{12}$ km (2) $\frac{3}{12}$ km

1-2 풀이 참고, $\frac{2}{15}$ km

2-1 (1) $3\frac{7}{10}$ m (2) 2개 (3) $7\frac{4}{10}$ m

2-2 풀이 참고, $5\frac{2}{26}$ m

3-1 (1) (예) $\square+2\frac{4}{5}=6\frac{2}{5}$

(2) $3\frac{3}{5}$ (3) $\frac{4}{5}$

3-2 풀이 참고, $15\frac{3}{9}$

4-1 (1) $3\frac{6}{7}$ kg (2) $1\frac{3}{7}$ kg

(3) 2개, $1\frac{3}{7}$ kg

4-2 풀이 참고, 2판, $\frac{7}{15}$ kg

34~36쪽 수학의 힘 단원평가

1 1, 5 **2** $\frac{4}{11}$ **3** $3\frac{6}{8}$

4 $1\frac{4}{9}+1\frac{8}{9}=\frac{13}{9}+\frac{17}{9}=\frac{30}{9}=3\frac{3}{9}$

5 $1\frac{3}{12}\left(=\frac{15}{12}\right)$ **6** $8\frac{3}{10}$ **7** $\frac{4}{13}$

8 $7\frac{9}{15}-3\frac{10}{15}=6\frac{24}{15}-3\frac{10}{15}$

$=(6-3)+\left(\frac{24}{15}-\frac{10}{15}\right)$

$=3+\frac{14}{15}=3\frac{14}{15}$

9 $1\frac{10}{14}$ **10** <

11 $\frac{8}{10}+\frac{9}{10}=1\frac{7}{10}\left(=\frac{17}{10}\right)$,

$1\frac{7}{10}\left(=\frac{17}{10}\right)$ m

12 $1\frac{5}{18}$ cm **13** $\frac{8}{16}$

14 $3\frac{3}{8}-1\frac{5}{8}=1\frac{6}{8}$, $1\frac{6}{8}$ kg

15 $2\frac{1}{7}$, $5\frac{6}{7}$ **16** $4\frac{1}{6}$, 2

17 $5\frac{5}{10}$ m **18** 2개

19 풀이 참고, 2개, $1\frac{2}{11}$ L

20 풀이 참고, $\frac{1}{7}$, $\frac{4}{7}$

2단원 삼각형

40~41쪽 개념의 힘

개념 확인하기

1 (○) ( ) 2 이등변삼각형
3 나 4 6

개념 다지기

1 (1) 나, 다 (2) 다 2 7 3 5
4 ㉠ / 두 변 5 2개 6 이등변삼각형

42~43쪽 개념의 힘

개념 확인하기

1 ㄱㄷ 2 ㄱㄷㄹ
3 80°, 50°, 50° 4 2개

개념 다지기

1 (예)

같습니다에 ○표

2 55 3 70 4 50°
5

6 이등변삼각형 7 25, 25

44~45쪽 개념의 힘

개념 확인하기

1 60°, 60°, 60° 2 같습니다에 ○표
3 180° 4 60°

개념 다지기

1

같습니다에 ○표
2 60 3 60 4 (예)

5 정삼각형 6 정삼각형
7 60°, 60°

46~49쪽 1 STEP 기본 유형의 힘

유형 1 7

1 이등변삼각형 2 9, 9
3 정삼각형 4 나 5 이등변삼각형

유형 2 40

6 각 ㄱㄷㄴ 7 45, 45
8

9 8

10 (예)

3 cm

11 110° 12 30° 13 23 cm

유형 3 60

14 (예)

15 세 16 60
17 (예)

18 (예)

19 5, 5 20 지희 21 10

50~51쪽 개념의 힘

개념 확인하기

1

2 세에 ○표, 예각
3

4 한에 ○표, 둔각삼각형

개념 다지기

1 나, 라 / 다, 마 / 가, 바
2 ㉢
3 (예)

4 (예)

5 1개 6 예각삼각형

52~53쪽 개념의 힘

개념 확인하기

1 ( ) (○) 2 ( ) (○)
3 나 4 나 5 나

개념 다지기

1

2

3 나
4 (1) 이등변삼각형 (2) 둔각삼각형
　(3) 이등변삼각형
5 ㉠, ㉡, ㉢

54~55쪽 1 STEP 기본 유형의 힘

유형 4 둔, 예

1

2 나, 라

3 (예)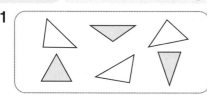

4 ㉢

5 둔각, 둔각삼각형

유형5 ①, ②

6 나, 다 **7** 다 **8** 다 **9** ㉡

10 예각삼각형

11

	예각삼각형	둔각삼각형	직각삼각형
이등변삼각형	나		다
세 변의 길이가 모두 다른 삼각형		가	

56~59쪽 **2 STEP 응용 유형의 힘**

1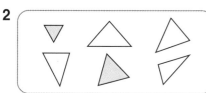

2

3 4개, 2개

4   **5**

6

7 (예) 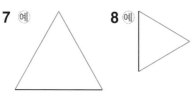 **8** (예)

9 (예)

10 8 cm **11** 12 cm **12** 9 cm

13 이등변삼각형, 예각삼각형에 ○표

---

14 이등변삼각형, 둔각삼각형에 ○표

15 이등변삼각형, 정삼각형, 예각삼각형에 ○표

16 130° **17** 150° **18** 115°

19 ( )(○)(○)

20 (○)(○)( )

21 ( )(○)(○)

22 2개 **23** 3개 **24** 13개

60~61쪽 **3 STEP 서술형의 힘**

1-1 (1) 30° (2) 없습니다. (3) (예) 30°입니다. 따라서 크기가 같은 두 각이 없습니다.

1-2 풀이 참고, (예) 크기가 같은 두 각이 없습니다.

2-1 (1) 45° (2) 예각삼각형

2-2 풀이 참고, 둔각삼각형

3-1 (1) 이등변삼각형 (2) 64° (3) 58°

3-2 풀이 참고, 66°

4-1 (1) 4배 (2) 5 cm

4-2 풀이 참고, 6 cm

62~64쪽 **수학의 힘 단원평가**

1 예, 예각삼각형 **2** ( )(○)

3 65 **4** ㉠, ㉣

5 60, 60 **6** 점 ㄷ

7 이등변삼각형, 직각삼각형에 ○표

8 3개 **9** ㉠

10 6 **11** (예)

12 (예)

13 20, 20 **14**

15 16 cm **16** 100° **17** 120

18 13 cm **19** 풀이 참고, 13 cm

20 풀이 참고, 예각삼각형

---

3 **단원** **소수의 덧셈과 뺄셈**

68~69쪽 **개념의 힘**

개념 확인하기

1 $\frac{1}{100}$, 0.01

2 0.06

3 일, 1

4 소수 첫째, 0.4

5 소수 둘째, 0.08

개념 다지기

1 0.34

2 (1) 영 점 이구 (2) 오 점 일육

3

4 2.76, 2.85

5 (위에서부터) 3, 8 / 6, 0.08

6 3.74

70~71쪽 **개념의 힘**

개념 확인하기

1 1000, 0.001

2 7.326

3 영 점 사삼구

4 7, 2, 6

개념 다지기

1 (1) 0.002 / 영 점 영영이 (2) 0.831 / 영 점 팔삼일

2 (1) 일 (2) 셋째, 0.003

3 (1) 6.249 (2) 21.503

4 0.005 **5** 0.05

6 ㉡, 구십구 점 영일삼

7 0.623 km

72~73쪽 **개념의 힘**

개념 확인하기

1 0.3, 0.003

2 (1) 5.4에 ○표 (2) 0.146에 ○표

3 =   **4** >, >

개념 다지기

1 >

2 (1) 0.26, 2.6 (2) 0.19, 0.019

3 ( ) (○)

4 (1) = (2) <

5 (1) $\frac{1}{100}$ (2) $\frac{1}{10}$

6 놀이터

74~77쪽 **1 STEP 기본 유형의**

유형 1 십이 점 일이

1 0.72

2

3 65.07   **4** 0.43

5 30.51   **6** 40.08

유형 2 소수 셋째, 0.002

7 0.576   **8** 0.008

9 0.024   **10** 1.038

11 0.235, 0.237

12 1.607

유형 3 0.07, 7

13 0.08   **14** 소희

15 ㉡   **16** 100

17 1000

18 0.85 cm

유형 4 (1) < (2) >

19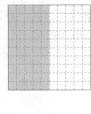
예
/ <

20 2.859

21 (1) 0.07̸0̸ (2) 14.09̸0̸

22 3.476에 △표

23 초콜릿 우유

24 < / 55, 70

78~79쪽 **개념의**

개념 확인하기

1 0.8

2 (1) 0, 7 (2) 1, 6

3 0.4

4 (1) 0, 3 (2) 0, 9

개념 다지기

1 0.3, 0.7

2 0.8

3 (1) 2.5 (2) 0.7 (3) 6.4 (4) 0.5

4 0.9

5

6 (1) < (2) >

7 0.6+0.2=0.8, 0.8 kg

80~81쪽 **개념의**

개념 확인하기

1 0.42

2 (1) 3, 5, 4 (2) 7, 4, 1

3 0.51

4 (1) 0, 1, 8 (2) 5, 5, 5

개념 다지기

1 0.85

2 (1) 6.32 (2) 2.55 (3) 2.25 (4) 1.26

3 (1) 1.78 (2) 1.91

4 (위에서부터) 5.19, 0.15

5 ( ) (○)

6 3.95-2.73=1.22, 1.22 m

82~85쪽 **1 STEP 기본 유형의**

유형 5 1.3

1 (1) 0.6 (2) 1.1 (3) 0.8 (4) 1.2

2 1.5

3

4 (위에서부터) 1.7, 0.6, 1.4

5 6.1

6 0.4+0.7=1.1, 1.1 km

유형 6 0.3

7 (1) 0.3 (2) 0.7 (3) 0.3

8 (1) 0.8 (2) 2.8

9 0 . 6
 − 0 . 3
 ───────
 0 . 3

10 >   **11** 0.8

12 2.5-1.8=0.7, 0.7 kg

유형 7 1.48

13 23, 145, 168, 1.68

14 (1) 0.77 (2) 7.12 (3) 0.51

15 8.35

16 1.01

17   0 . 4 3 / 소수점
   + 0 . 6
   ───────
   1 . 0 3

18 6.93

19 0.15+0.97=1.12, 1.12 m

유형 8 3.25

20 (1) 0.21 (2) 3.91 (3) 3.61

21 0.3   **22** 1.06

23 3.79

24

25 1.55-1.37=0.18, 0.18 L

86~89쪽 **2 STEP 응용 유형의**

1 >   **2** <

3 >   **4** 3, 2, 1

5 0.39   **6** 0.14

7 7.1 km   **8** 6.79 km

9 100배   **10** 1000배

11 $\frac{1}{1000}$

12 2.5-0.45=2.05, 2.05 L

13 4.2-2.98=1.22, 1.22 m

14 3.23-0.8=2.43, 2.43 kg

15 0, 1, 2   **16** 2개

17 0, 1, 2, 3, 4

18 (위에서부터) 7, 4, 9

19 (위에서부터) 3, 3, 6
20 (위에서부터) 2, 3, 5

21 5.092 **22** 7.458
23 0.1 **24** 1.13
25 3.74

90~91쪽 **3 STEP** 서술형의 힘

1-1 (1) 0.4, 0.15, 0.008 (2) 0.558
(3) 영 점 오오팔
1-2 풀이 참고, 0.837, 영 점 팔삼칠
2-1 (1) 0.96 kg (2) 0.73 kg
(3) 0.23 kg
2-2 풀이 참고, 0.31 kg
3-1 (1) 4.77 m (2) 3.68 m
(3) 1.09 m
3-2 풀이 참고, 2.24 m
4-1 (1) 5.21 (2) 1.25 (3) 6.46
4-2 풀이 참고, 3.96

92~94쪽 수학의 힘 단원평가

1 0.36 **2** 육 점 구영일
3 첫째, 0.4
4 (1) 1.06 (2) 7.26
5 5, 1 / 0.1
6 ㉡
7 2.16, 21.6
8 5.17
9 >
10 1.39
11 ㉡
12 0.5+0.4=0.9, 0.9 kg
13 13.61
14 3.24−2.83=0.41, 0.41 km
15 4.61
16 $\dfrac{1}{100}$
17 5개
18 1110
19 풀이 참고, 다원, 0.12 L
20 풀이 참고, 3.62

4
단원 **사각형**

98~99쪽 개념의 힘

개념 확인하기

1

2 나, 수선
3 ( ) (○)
4
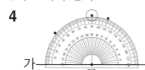
가 ㄱ

개념 다지기

1 수선
2 ( ) (△)
3 (예)
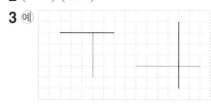
4 (1) 직선 라 (2) 직선 나
5 가, 다
6 (예)

100~101쪽 개념의 힘

개념 확인하기

1 다
2 ×
3 ㉢
4 ㉢

개념 다지기

1 (1) 나, 라 (2) 평행 (3) 평행선
2 (1) (예)

(2) 1 cm
3 변 ㄱㄹ, 변 ㄴㄷ
4 3 cm

---

5 ㉠
6
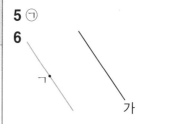
ㄱ
가

102~105쪽 **1 STEP** 기본 유형의 힘

유형 1 다 / 가

1 점 ㄹ
2
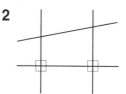
3 2개 **4** 직선 가
5 직선 가 **6** ㉢
7 (예)

8 변 ㄴㄷ, 변 ㅁㄹ
9 (예)

10 (예)

유형 2 ㉢

11 ㉠
12 가, 나 / 라, 마
13 ㄹㄷ / ㄱㄹ
14 (예)
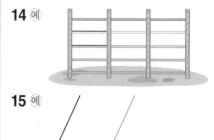
15 (예)

빠른 정답

16 1개　　　　**17** 2개

18

유형 3　평행선 사이의 거리

19 5 cm　　　**20** 90°

21 2 cm　　　**22** 3 cm

23 4 cm

106~107쪽　개념의 힘

개념 확인하기

1

2 1쌍　　　　**3** 사다리꼴

4 없습니다에 ○표

5 변 ㅂㅅ에 ○표

6 나에 ○표

개념 다지기

1 나, 다　　　　**2** 나, 다

3 ②

4 (예)

5 ㉡　　　　**6** 가, 나, 다

7 (예)

108~109쪽　개념의 힘

개념 확인하기

1 다, 나　　　　**2** 평행사변형

3 같고, 같습니다에 ○표

4 2쌍

개념 다지기

1 (1) 　　　　(2) 2쌍

---

2 ( )(△)　　　**3** 다, 라

4 3　　　　　　**5** 60

6 180　　　　　**7** 180°

110~111쪽　개념의 힘

개념 확인하기

1 2, 2, 2, 2　　　**2** 같습니다.

3 마름모　　　　**4** ×

5 ○　　　　　　**6** 180

개념 다지기

1 다　　　　　　**2** 5, 5

3 130

4
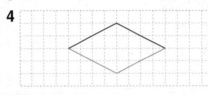

5 ㉠

6 (예)

7 36 cm

112~113쪽　개념의 힘

개념 확인하기

1 ○　　　　　　**2** ○

3 ㄴㄷ / ㄹㄷ

4 있습니다에 ○표, 평행사변형에 ○표

개념 다지기

1 나, 다, 바　　　**2** 다, 바

3 다, 바　　　　　**4** 평행사변형

5 ㉡

6 ( )(△)( )

7 (예) 네 변의 길이가 모두 같으므로

114~117쪽　1 STEP　기본 유형의 힘

유형 4　( )( )(○)

1 변 ㄱㄹ, 변 ㄴㄷ

2 라　　　　　　**3** ㉡

---

4 [모범 답안] 평행한 변이 한 쌍이라도 있으면 사다리꼴이기 때문입니다.

5 (예)
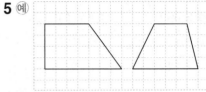

유형 5　가

6 5

7
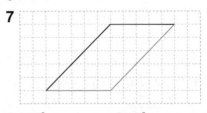

8 130°　　　　　**9** 50°

10 ㉢

11 아니요, [모범 답안] 평행사변형은 마주 보는 두 쌍의 변이 서로 평행해야 하는데 한 쌍의 변만 평행합니다.

유형 6　마름모

12 6, 6

13 (위에서부터) 8, 6, 90

14 (○)　　　　**15** 125°
　　(×)　　　　**16** 5 cm

유형 7　㉡

17 사다리꼴에 ○표

18 나

19 가, 나, 다, 라, 마

20 가, 다　　　　**21** 가

22 ㉠, ㉡, ㉢

118~121쪽　2 STEP　응용 유형의 힘

1 가, 다　　　　**2** 나, 다

3 가, 나

4
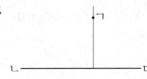

5
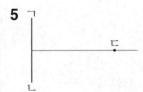

6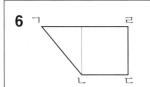

7 (예) ―――――――

8 (예)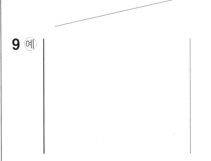

9 (예)

10 평행사변형, 사다리꼴에 ◯표

11 직사각형, 정사각형, 마름모에 ◯표

12 직사각형, 사다리꼴에 ◯표

13 5 cm   **14** 8 cm   **15** 8 cm
16 17 cm **17** 11 cm **18** 15 cm

19 28 cm   **20** 36 cm
21 6개   **22** 9개

122~123쪽 **3 STEP** 서술형의 힘

1-1 (1) 예 (2) 모범답안 마주 보는 두 쌍의 변이 서로 평행한 사각형이기 때문입니다.

1-2 예, 모범답안 네 변의 길이가 모두 같은 사각형이기 때문입니다.

2-1 (1) 변 ㄱㅁ과 변 ㄴㄷ
(2) 예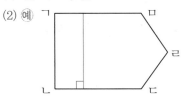

---

(3) 2 cm

2-2 풀이 참고, 4 cm
3-1 (1) 180° (2) 60° (3) 120°
3-2 풀이 참고, 105°
4-1 (1)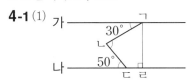
(2) 60°
(3) 130°
(4) 80°
4-2 풀이 참고, 110°

124~126쪽 수학의 힘 **단원평가**

1 직선 나   **2** 직선 라
3 가, 나, 다   **4** 가, 다
5 7, 55   **6** 변 ㄱㄹ
7 변 ㄴㄷ
8 (예)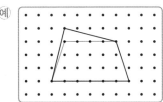

9 (×)
(◯)

10 25 cm

11 (예)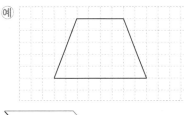

12

13 50°
14 3개
15 ㉡, ㉢, ㉣, ㉤, ㉥
16 ③
17 21 cm
18 9개
19 풀이 참고, 50°
20 풀이 참고, 55°

---

5 단원 꺾은선그래프

130~131쪽 개념의 힘

개념 확인하기

1 시각, 방문자 수 **2** 오후 3시

개념 다지기

1 꺾은선그래프   **2** 날짜
3 양파의 키에 ◯표
4 8, 9   **5** 물결선
6 1 ℃, 1 ℃   **7** 진훈

132~133쪽 개념의 힘

개념 확인하기

1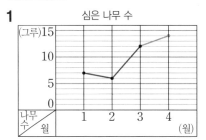

2 (1) 0.2에 ◯표 (2) 30에 ◯표

개념 다지기

1 기록 **2** 1초에 ◯표 **3** 초, 횟수
4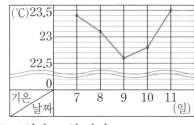
5 주희
6 하루 중 최고 기온

7 10일과 11일 사이

134~135쪽 개념의 힘

개념 확인하기

1 ㉠   **2** ㉢   **3** ㉡

개념 다지기

1 횟수 **2** 예 1회

3

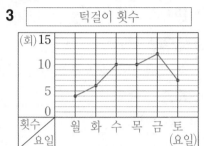

턱걸이 횟수

4 금요일

5 예 길어지고 있습니다.

6 예 짧아지고 있습니다.

7 예 9시간 18분

8 예 낮의 길이가 1칸, 2칸, 3칸으로 1칸씩 늘어나고 있습니다.

136~141쪽 1 STEP 기본 유형의

유형 1 꺾은선그래프

1 •——•
    •——•
2 1회에 ○표
3 ㉡

4 (1) 막대, 선 (2) 길이, 많이에 ○표

유형 2 7월과 8월 사이

5 1에 ○표 **6** 3, 4

7 오후 3시, 27 ℃

8 오후 4시와 오후 5시 사이

9 지희 **10** 예 114 cm

11 0.7 cm **12** 예 115.2 cm

유형 3 기록

13 예 1회

14 ② 큰 ③ 점 ④ 점에 ○표

15 팔굽혀펴기 횟수

16 19회

17

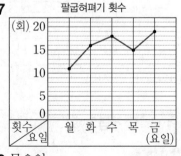

팔굽혀펴기 횟수

18 목요일

19 예 115 cm, 1 cm

---

20 예

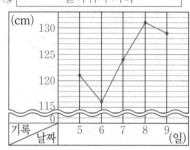

멀리뛰기 기록

21 다영

유형 4 ㉡

22

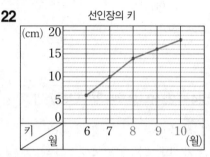

선인장의 키

23 4 cm

24 예 역대 동계올림픽에 참가한 우리나라 선수 수

25

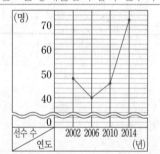

연도별 동계올림픽 참가 선수 수

26 모범 답안 연도별 동계올림픽에 참가한 우리나라 선수 수가 점점 늘어나고 있습니다.

유형 5

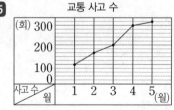

교통 사고 수

27 3월과 4월 사이

28 예 점점 늘어나고 있다고 말할 수 있습니다.

29 56회 **30** 2009년

31 모범 답안 ① 2010년도 인구 수는 18만 명입니다.

---

② 0~14세 인구 수는 점점 줄어들고 있습니다.

142~145쪽 2 STEP 응용 유형의

1 (○) **2** (   ) **3** ㉢
   (   )   (○)

4 ㉡ **5** ㉡

6 370, 380, 335

7 130.4, 130.6, 131.8

8

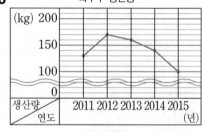

옥수수 생산량

9

쿠키 판매량

10

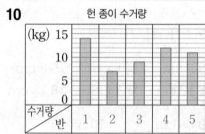

헌 종이 수거량

11

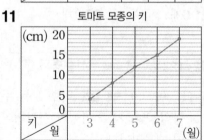

토마토 모종의 키

12 예 약 37.4 ℃ **13** 예 약 9 cm

14 예 약 200상자 **15** 예 약 500 kg

16 4 kg **17** 50대

146~147쪽 3 STEP 서술형의

1-1 (1) 2일과 3일 사이
     (2) 2일과 3일 사이

1-2 풀이 참고, 낮 12시와 오후 1시 사이

2-1 (1) 60분

(2)

지선이의 운동 시간

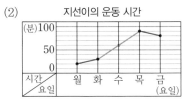

2-2 풀이 참고,

줄넘기 횟수

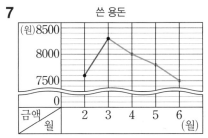

3-1 (1) 40건 (2) 800원

3-2 풀이 참고, 15000원

4-1 (1) 10초 (2) 2칸

4-2 풀이 참고, 3칸

148~150쪽 수학의 힘 **단원평가**

1 꺾은선그래프 **2** (○) ( )

3 1 ℃ **4** 10 ℃

5 오전 10시 **6** ㉠, ㉡, ㉣

7

쓴 용돈

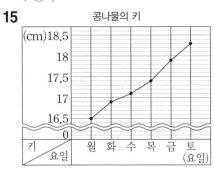

8 (○) **9** 8300원

( ) **10** (○) ( )

11 예 늘었습니다.

12 0.4 kg **13** 예 약 29.8 kg

14 ( )

(○)

15

콩나물의 키

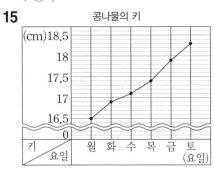

16

인형 판매량

월	7	8	9	10
판매량(개)	24	40	56	64

17 ㉡ **18** 80명

19 풀이 참고, 60명

20 풀이 참고, 50명

---

6 단원 다각형

154~155쪽 개념의 힘

개념 확인하기

1 ( ) ( ) (○)

2 (1) 6개 (2) 육각형

3 가, 라, 마 **4** 마

개념 다지기

1 ③, ④ **2**

3 ( ) (○)

( ) (○)

4 (1) 정삼각형 (2) 정육각형

5 ㉡ **6** 구각형

156~157쪽 개념의 힘

개념 확인하기

1 대각선 **2**

3 2개 **4** 나, 다

5 가, 다

개념 다지기

1 ( ) (○)

2 ( ) (△) ( )

3 1개

4 (○) ( ) (○)

5 ㉠

6 / 5개

7 9개

158~159쪽 개념의 힘

개념 확인하기

1 ( ) **2**

( )

( )

3   **4** 예

5 예

개념 다지기

1 정삼각형에 △표

2 4개

3 예   **4**

5 예 ,

6 6개

160~165쪽 **1** STEP **기본 유형의 힘**

유형 1 ( ) (○) ( )

1 라, 마 / 나 / 다 **2** 다

3 다

4 예

5 팔각형

유형 2 (○) ( ) (○) ( )

6 정팔각형

7 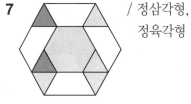 / 정삼각형, 정육각형

8 ㉡

9 예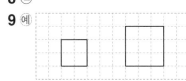

10 108, 7 **11** 정칠각형

12 60 m **13** 720°

빠른 정답

유형 3 ④

14 선분 ㄱㅁ, 선분 ㄹㅅ

15 3개   **16** 나, 라

17 라   **18** 나, 다, 가

19 (위에서부터) 8, 6

20 22 cm   **21** 5개

유형 4 오각형에 △표

22 5개   **23**

24 예   **25** 예

26 예
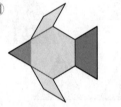

유형 5 사각형 (또는 평행사변형, 마름모)

27 (   ) (   ) (△)

28 (○)
(   )

29 예
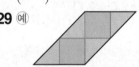

30 예

31 예
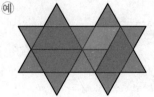

166~169쪽 **2 STEP** **응용 유형의 힘**

1

2
(오각형 도형)

3   **4** 32 cm
(육각형 도형)

5 35 cm   **6** 54 cm

7 예

8 예
(육각형 도형들)

9 ㄹ   **10** 14 cm

11 12 cm   **12** 13 cm

13 14개   **14** 20개

15 35개   **16** 17개

17 예

18 예
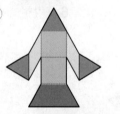

19 예
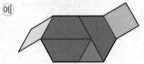

20 (   ) (   ) (×)

21 (   ) (×) (   )

22 60°   **23** 25°

170~171쪽 **3 STEP** **서술형의 힘**

1-1 (1)   (2) 16개
(삼각형 도형)

1-2 풀이 참고, 10개

2-1 예 같지만 / 같지 않기 때문입니다.

2-2 예 변의 길이가 모두 같지 않고 각의 크기가 모두 같지 않기 때문입니다.

3-1 (1) 10 cm   (2) 10 cm
(3) 32 cm

3-2 풀이 참고, 18 cm

4-1 (1) 예   (2) 540°

(3) 108°

4-2 풀이 참고, 135°

172~174쪽 **수학의 힘** **단원평가**

1 가, 라   **2** 라

3 정오각형

4
(사각형 도형)

5 예
(점판 위 도형)

6 예 삼각형, 사각형 또는 정삼각형, 사다리꼴 (평행사변형)

7 135, 3   **8** 7개

9 가, 바   **10** 가, 마

11 9개   **12** 72 cm

13

14 예
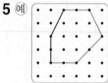

15 다   **16** 13 cm

17 예
 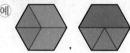
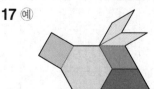

18 120°   **19** 풀이 참고, 13 cm

20 풀이 참고, 106°

1 분수의 덧셈과 뺄셈

개념의 힘　　　　8~13쪽

개념 1　　　　8~9쪽

개념 확인하기

1 답 $\dfrac{3}{5}$

2 답 3, 2, 5, $\dfrac{5}{8}$

3 답 (1)

(2) 6, 10, 1, 3

개념 다지기

1 답 10 / 7, 3, 10, 1, 2

2 (1) $\dfrac{3}{9}+\dfrac{5}{9}=\dfrac{3+5}{9}=\dfrac{8}{9}$

(2) $\dfrac{4}{7}+\dfrac{5}{7}=\dfrac{4+5}{7}=\dfrac{9}{7}=1\dfrac{2}{7}$　답 (1) $\dfrac{8}{9}$ (2) $1\dfrac{2}{7}(=\dfrac{9}{7})$

3 (1) $\dfrac{4}{7}+\dfrac{2}{7}=\dfrac{4+2}{7}=\dfrac{6}{7}$

(2) $\dfrac{6}{13}+\dfrac{10}{13}=\dfrac{6+10}{13}=\dfrac{16}{13}=1\dfrac{3}{13}$

답 (1) $\dfrac{6}{7}$ (2) $1\dfrac{3}{13}(=\dfrac{16}{13})$

4 $\dfrac{6}{12}+\dfrac{5}{12}=\dfrac{6+5}{12}=\dfrac{11}{12}$　답 $\dfrac{11}{12}$

5 $\dfrac{8}{11}+\dfrac{6}{11}=\dfrac{8+6}{11}=\dfrac{14}{11}=1\dfrac{3}{11}$ (m)　답 $1\dfrac{3}{11}$

6 (호두의 무게)+(땅콩의 무게)

$=\dfrac{3}{4}+\dfrac{3}{4}=\dfrac{3+3}{4}=\dfrac{6}{4}=1\dfrac{2}{4}$ (kg)

답 $\dfrac{3}{4}+\dfrac{3}{4}=1\dfrac{2}{4}(=\dfrac{6}{4})$, $1\dfrac{2}{4}(=\dfrac{6}{4})$ kg

개념 2　　　　10~11쪽

개념 확인하기

1 답 (1) 예  (2) 2, 3

2 답 (1) 7, 7, 3, 4　(2) 3, 7, 3, 4

개념 다지기

1 $1=\dfrac{8}{8}$이므로 8칸을 간 다음 3칸을 되돌아 오면 1을 똑같이 8로 나눈 것 중의 5에 있습니다.　답 5 / 5

2 $\dfrac{7}{18}-\dfrac{4}{18}$는 $\dfrac{1}{18}$이 7−4=3(개)입니다.

→ $\dfrac{7}{18}-\dfrac{4}{18}=\dfrac{3}{18}$　답 7, 4, 3, 4, 3

3 답 $1-\dfrac{4}{12}=\dfrac{12}{12}-\dfrac{4}{12}=\dfrac{12-4}{12}=\dfrac{8}{12}$

4 $\dfrac{13}{15}-\dfrac{4}{15}=\dfrac{13-4}{15}=\dfrac{9}{15}$　답 $\dfrac{9}{15}$

5 ・$1-\dfrac{9}{10}=\dfrac{10}{10}-\dfrac{9}{10}=\dfrac{10-9}{10}=\dfrac{1}{10}$

・$1-\dfrac{5}{9}=\dfrac{9}{9}-\dfrac{5}{9}=\dfrac{9-5}{9}=\dfrac{4}{9}$

답 (위에서부터) $\dfrac{1}{10}$, $\dfrac{4}{9}$

6 (남은 철사의 길이)=$\dfrac{7}{10}-\dfrac{4}{10}=\dfrac{7-4}{10}=\dfrac{3}{10}$ (m)

답 $\dfrac{7}{10}-\dfrac{4}{10}=\dfrac{3}{10}$, $\dfrac{3}{10}$ m

개념 3　　　　12~13쪽

개념 확인하기

1 답 (1) 예

(2) 1, 3, 3, 4, 3, 4

2 (1) 자연수 부분끼리 더하면 1+2=3, 분수 부분끼리 더하면 $\dfrac{2}{4}+\dfrac{3}{4}=\dfrac{5}{4}=1\dfrac{1}{4}$이므로 이 둘을 더하면 $4\dfrac{1}{4}$ 입니다.

답 4, 1 / 1, 1, 4, 1

개념 다지기

1 $1\dfrac{4}{9}$를 가분수로 나타내면 $\dfrac{13}{9}$입니다.

답 20 / 13, 7, 13, 7, 20, 2, 2

2 (1) $3\dfrac{1}{8}+2\dfrac{5}{8}=(3+2)+(\dfrac{1}{8}+\dfrac{5}{8})=5+\dfrac{6}{8}=5\dfrac{6}{8}$

(2) $2\dfrac{7}{10}+3\dfrac{6}{10}=(2+3)+(\dfrac{7}{10}+\dfrac{6}{10})$

$=5+1\dfrac{3}{10}=6\dfrac{3}{10}$

답 (1) $5\dfrac{6}{8}$ (2) $6\dfrac{3}{10}$

3 답 $1\dfrac{6}{7}+3\dfrac{2}{7}=\dfrac{13}{7}+\dfrac{23}{7}=\dfrac{36}{7}=5\dfrac{1}{7}$

4 $3\dfrac{2}{8}+\dfrac{10}{8}=\dfrac{26}{8}+\dfrac{10}{8}=\dfrac{36}{8}=4\dfrac{4}{8}$

$4\dfrac{2}{5}+6\dfrac{1}{5}=(4+6)+\left(\dfrac{2}{5}+\dfrac{1}{5}\right)=10+\dfrac{3}{5}=10\dfrac{3}{5}$

답 $4\dfrac{4}{8}$, $10\dfrac{3}{5}$

5 $4\dfrac{1}{6}>4>1\dfrac{3}{6}$이므로

$4\dfrac{1}{6}+1\dfrac{3}{6}=(4+1)+\left(\dfrac{1}{6}+\dfrac{3}{6}\right)=5+\dfrac{4}{6}=5\dfrac{4}{6}$　답 $5\dfrac{4}{6}$

6 (코알라의 무게)+(고슴도치의 무게)

$=4\dfrac{4}{5}+2\dfrac{2}{5}=(4+2)+\left(\dfrac{4}{5}+\dfrac{2}{5}\right)=6+1\dfrac{1}{5}=7\dfrac{1}{5}$ (kg)

답 $4\dfrac{4}{5}+2\dfrac{2}{5}=7\dfrac{1}{5}$, $7\dfrac{1}{5}$ kg

1 STEP 기본 유형의 🖐 14~17쪽

유형 **1** 답 6

1 답 (1) 예 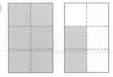 (2) 3, 8, 1, 2

2 (1) $\dfrac{7}{15}+\dfrac{2}{15}=\dfrac{7+2}{15}=\dfrac{9}{15}$

(2) $\dfrac{4}{9}+\dfrac{6}{9}=\dfrac{4+6}{9}=\dfrac{10}{9}=1\dfrac{1}{9}$

답 (1) $\dfrac{9}{15}$ (2) $1\dfrac{1}{9}\left(=\dfrac{10}{9}\right)$

3 $\dfrac{3}{8}+\dfrac{4}{8}=\dfrac{3+4}{8}=\dfrac{7}{8}$　답 $\dfrac{7}{8}$

4 답 $\dfrac{10}{14}+\dfrac{9}{14}=\dfrac{10+9}{14}=\dfrac{19}{14}=1\dfrac{5}{14}$

5 (서준이가 오전과 오후에 마신 우유의 양)

＝(오전에 마신 우유의 양)＋(오후에 마신 우유의 양)

$=\dfrac{2}{13}+\dfrac{5}{13}=\dfrac{2+5}{13}=\dfrac{7}{13}$ (L)

답 $\dfrac{2}{13}+\dfrac{5}{13}=\dfrac{7}{13}$, $\dfrac{7}{13}$ L

유형 **2** 답 3

6 답 5 / 7, 2, 5

7 답 5, 2, 3, 3

8 (1) $\dfrac{4}{15}-\dfrac{1}{15}=\dfrac{4-1}{15}=\dfrac{3}{15}$

(2) $\dfrac{7}{19}-\dfrac{5}{19}=\dfrac{7-5}{19}=\dfrac{2}{19}$　답 (1) $\dfrac{3}{15}$ (2) $\dfrac{2}{19}$

9 $\dfrac{9}{10}-\dfrac{5}{10}=\dfrac{9-5}{10}=\dfrac{4}{10}$　답 $\dfrac{4}{10}$

10 $\dfrac{11}{12}-\dfrac{7}{12}=\dfrac{11-7}{12}=\dfrac{4}{12}$　답 $\dfrac{4}{12}$

11 $\dfrac{10}{20}-\dfrac{6}{20}=\dfrac{4}{20}$ $\overset{4<5}{\bigcirc}$ $\dfrac{8}{20}-\dfrac{3}{20}=\dfrac{5}{20}$　답 <

12 (남은 색 테이프의 길이)

＝(처음 색 테이프의 길이)－(사용한 색 테이프의 길이)

$=\dfrac{6}{7}-\dfrac{3}{7}=\dfrac{3}{7}$ (m)　답 $\dfrac{6}{7}-\dfrac{3}{7}=\dfrac{3}{7}$, $\dfrac{3}{7}$ m

유형 **3** $1-\dfrac{5}{7}=\dfrac{7}{7}-\dfrac{5}{7}=\dfrac{7-5}{7}=\dfrac{2}{7}$　답 7, 7, 2

13 사각형 전체를 1로 나타내었으므로 똑같이 8로 나누고 $\dfrac{4}{8}$만큼 ×표 했습니다. $1-\dfrac{4}{8}$는 $\dfrac{1}{8}$이 $8-4=4$(개)이므로 $\dfrac{4}{8}$입니다.　답 8, 4

14 1은 $\dfrac{1}{5}$이 5개, $\dfrac{3}{5}$은 $\dfrac{1}{5}$이 3개이므로 $1-\dfrac{3}{5}$은 $\dfrac{1}{5}$이 $5-3=2$(개)입니다.

➡ $1-\dfrac{3}{5}=\dfrac{2}{5}$　답 5, 3, 2

15 $1-\dfrac{6}{7}=\dfrac{7}{7}-\dfrac{6}{7}=\dfrac{1}{7}$, $1-\dfrac{4}{13}=\dfrac{13}{13}-\dfrac{4}{13}=\dfrac{9}{13}$

답 (위에서부터) $\dfrac{1}{7}$, $\dfrac{9}{13}$

16 $1-\dfrac{9}{14}=\dfrac{14}{14}-\dfrac{9}{14}=\dfrac{14-9}{14}=\dfrac{5}{14}$　답 $\dfrac{5}{14}$

17 $\dfrac{7}{9}+\square=1$, $\square=1-\dfrac{7}{9}=\dfrac{9}{9}-\dfrac{7}{9}=\dfrac{2}{9}$　답 $\dfrac{2}{9}$

유형 **4** 답 8, 5, 1

18 답 16 / 12, 12, 16, 2, 2

19 (1) $5\dfrac{1}{8}+3\dfrac{5}{8}=(5+3)+\left(\dfrac{1}{8}+\dfrac{5}{8}\right)=8+\dfrac{6}{8}=8\dfrac{6}{8}$

(2) $3\dfrac{4}{11}+3\dfrac{9}{11}=(3+3)+\left(\dfrac{4}{11}+\dfrac{9}{11}\right)=6+1\dfrac{2}{11}$

$=7\dfrac{2}{11}$　답 (1) $8\dfrac{6}{8}$ (2) $7\dfrac{2}{11}$

20 (연두색 테이프의 길이)+(분홍색 테이프의 길이)

$=6\dfrac{8}{10}+2\dfrac{8}{10}=(6+2)+\left(\dfrac{8}{10}+\dfrac{8}{10}\right)$

$=8+1\dfrac{6}{10}=9\dfrac{6}{10}$ (cm)　　　답 $9\dfrac{6}{10}$ cm

21 $3\dfrac{2}{11}+1\dfrac{6}{11}=(3+1)+\left(\dfrac{2}{11}+\dfrac{6}{11}\right)=4+\dfrac{8}{11}=4\dfrac{8}{11}$

$4\dfrac{8}{11}+2\dfrac{6}{11}=(4+2)+\left(\dfrac{8}{11}+\dfrac{6}{11}\right)=6+1\dfrac{3}{11}=7\dfrac{3}{11}$

답 $4\dfrac{8}{11}$, $7\dfrac{3}{11}$

22 (준이가 물통에 담은 물의 양)

　　+(수정이가 물통에 담은 물의 양)

$=2\dfrac{2}{5}+2\dfrac{1}{5}=(2+2)+\left(\dfrac{2}{5}+\dfrac{1}{5}\right)=4+\dfrac{3}{5}=4\dfrac{3}{5}$ (L)

답 $2\dfrac{2}{5}+2\dfrac{1}{5}=4\dfrac{3}{5}$, $4\dfrac{3}{5}$ L

 **개념의 힘**　　　18~23쪽

개념 **4**　　　18~19쪽

개념 확인하기

1 답 (1) 예

　　(2) 1, 2, 2, 2, 2, 2

2 대분수를 가분수로 바꾸어 분자끼리 계산합니다.

답 (위에서부터) 8, 4, 4 / 8, 4, 8, 4, 4, 1, 1

개념 다지기

1 답 1, 2, 1, 1, 1, 1

2 (1) $2\dfrac{3}{5}-1\dfrac{1}{5}=(2-1)+\left(\dfrac{3}{5}-\dfrac{1}{5}\right)=1+\dfrac{2}{5}=1\dfrac{2}{5}$

　　(2) $5\dfrac{7}{9}-2\dfrac{3}{9}=(5-2)+\left(\dfrac{7}{9}-\dfrac{3}{9}\right)=3+\dfrac{4}{9}=3\dfrac{4}{9}$

答 (1) $1\dfrac{2}{5}$　(2) $3\dfrac{4}{9}$

3 $5\dfrac{6}{13}-2\dfrac{3}{13}=(5-2)+\left(\dfrac{6}{13}-\dfrac{3}{13}\right)=3+\dfrac{3}{13}=3\dfrac{3}{13}$

답 $3\dfrac{3}{13}$

4 답 $2\dfrac{4}{5}-1\dfrac{3}{5}=\dfrac{14}{5}-\dfrac{8}{5}=\dfrac{6}{5}=1\dfrac{1}{5}$

---

5 $5\dfrac{7}{9}-4\dfrac{6}{9}=1\dfrac{1}{9}$, $5\dfrac{7}{9}-1\dfrac{1}{9}=4\dfrac{6}{9}$

답 (위에서부터) $1\dfrac{1}{9}$, $4\dfrac{6}{9}$

6 $3\dfrac{4}{5}-3\dfrac{2}{5}$를 어림한 결과는 0과 1 사이입니다.

답 (◯)(　　)

7 (남은 찹쌀의 양)

　　=(민정이네 집에 있는 찹쌀의 양)−(먹은 찹쌀의 양)

$=8\dfrac{9}{14}-4\dfrac{5}{14}=(8-4)+\left(\dfrac{9}{14}-\dfrac{5}{14}\right)=4\dfrac{4}{14}$ (kg)

답 $8\dfrac{9}{14}-4\dfrac{5}{14}=4\dfrac{4}{14}$, $4\dfrac{4}{14}$ kg

---

개념 **5**　　　20~21쪽

개념 확인하기

1 답 16, 3, 13, 16, 3, 13, 3, 1

2 답 3, 2, 2

3 답 1, 4 / 5, 5, 1, 4, 1, 4

개념 다지기

1 $3-\dfrac{5}{6}=2\dfrac{6}{6}-\dfrac{5}{6}=2\dfrac{1}{6}$　　　답 $2\dfrac{1}{6}$

2 (1) $5-\dfrac{6}{7}=4\dfrac{7}{7}-\dfrac{6}{7}=4\dfrac{1}{7}$

　　(2) $10-4\dfrac{4}{9}=9\dfrac{9}{9}-4\dfrac{4}{9}=(9-4)+\left(\dfrac{9}{9}-\dfrac{4}{9}\right)$

　　　　$=5+\dfrac{5}{9}=5\dfrac{5}{9}$　　답 (1) $4\dfrac{1}{7}$　(2) $5\dfrac{5}{9}$

3 $3-\dfrac{4}{15}=2\dfrac{15}{15}-\dfrac{4}{15}=2\dfrac{11}{15}$　　　답 $2\dfrac{11}{15}$

4 답 $6-4\dfrac{3}{5}=\dfrac{30}{5}-\dfrac{23}{5}=\dfrac{7}{5}=1\dfrac{2}{5}$

5 $3-\dfrac{6}{11}=2\dfrac{11}{11}-\dfrac{6}{11}=2\dfrac{5}{11}$

$5-2\dfrac{1}{4}=4\dfrac{4}{4}-2\dfrac{1}{4}=2\dfrac{3}{4}$　　　답 $2\dfrac{5}{11}$, $2\dfrac{3}{4}$

6 (학교~문구점)−(학교~서점)

$=2-\dfrac{3}{4}=1\dfrac{4}{4}-\dfrac{3}{4}=1\dfrac{1}{4}$ (km)

답 $2-\dfrac{3}{4}=1\dfrac{1}{4}$, $1\dfrac{1}{4}$ km

개념 6 22~23쪽

개념 확인하기

1 진분수끼리 뺄 수 없을 때에는 자연수에서 1만큼을 가분수로 고친 다음 계산합니다.

답 1, 3 / 5, 1, 5, 1, 3, 1, 3

2 답 10, 5, 5, 5, 1, 2

3 $5\frac{1}{5}-3\frac{2}{5}=4\frac{6}{5}-3\frac{2}{5}=(4-3)+(\frac{6}{5}-\frac{2}{5})$

$=1+\frac{4}{5}=1\frac{4}{5}$ 답 6, $1\frac{4}{5}$

개념 다지기

1 $3\frac{1}{4}$에서 $1\frac{3}{4}$만큼 ×표 하면 $1\frac{2}{4}$만큼 남습니다.

답 예  / 1, 2

2 $5\frac{3}{7}-2\frac{6}{7}=4\frac{10}{7}-2\frac{6}{7}=(4-2)+(\frac{10}{7}-\frac{6}{7})=2\frac{4}{7}$

답 $2\frac{4}{7}$

3 $8\frac{4}{9}-2\frac{7}{9}=7\frac{13}{9}-2\frac{7}{9}=5\frac{6}{9}$ 답 $5\frac{6}{9}$

4 ㉠-㉡$=4\frac{2}{13}-2\frac{6}{13}=3\frac{15}{13}-2\frac{6}{13}=1\frac{9}{13}$ 답 $1\frac{9}{13}$

5 $9\frac{1}{6}-4\frac{4}{6}=8\frac{7}{6}-4\frac{4}{6}=4\frac{3}{6}$ (kg) 답 $4\frac{3}{6}$ kg

6 $3\frac{1}{3}-2\frac{2}{3}=2\frac{4}{3}-2\frac{2}{3}=(2-2)+(\frac{4}{3}-\frac{2}{3})=\frac{2}{3}$ (m)

답 $\frac{2}{3}$

7 (책상의 무게)-(의자의 무게)

$=6\frac{4}{12}-3\frac{7}{12}=5\frac{16}{12}-3\frac{7}{12}=2\frac{9}{12}$ (kg)

답 $6\frac{4}{12}-3\frac{7}{12}=2\frac{9}{12}$, $2\frac{9}{12}$ kg

 기본 유형의 힘 24~27쪽

유형 5 답 3, 3

1 답 (1) 예

```
                    3\frac{4}{6}
```

(2) 2, 1, 1, 3, $1\frac{3}{6}$

2 답 $4\frac{8}{10}-1\frac{5}{10}=\frac{48}{10}-\frac{15}{10}=\frac{33}{10}=3\frac{3}{10}$

3 $6\frac{10}{12}-3\frac{5}{12}=(6-3)+(\frac{10}{12}-\frac{5}{12})=3\frac{5}{12}$ 답 $3\frac{5}{12}$

4 $6\frac{8}{9}-2\frac{2}{9}=(6-2)+(\frac{8}{9}-\frac{2}{9})=4+\frac{6}{9}=4\frac{6}{9}$ (km)

답 $4\frac{6}{9}$

5 (남은 밀가루의 무게)

=(처음 밀가루의 무게)-(사용한 밀가루의 무게)

$=9\frac{6}{17}-3\frac{3}{17}=6\frac{3}{17}$ (kg)

답 $9\frac{6}{17}-3\frac{3}{17}=6\frac{3}{17}$, $6\frac{3}{17}$ kg

유형 6 $5-\frac{3}{7}=4\frac{7}{7}-\frac{3}{7}=4\frac{4}{7}$ 답 7, 4, 4

6 4와 $1\frac{4}{5}$를 가분수로 바꾸어 분자끼리 계산합니다.

답 (위에서부터) 20, 11, 9 / 20, 9, 11, 2, 1

7 답 6, 5, 1, 6, 5, 1

8 (1) $5-\frac{2}{6}=4\frac{6}{6}-\frac{2}{6}=4\frac{4}{6}$

(2) $9-2\frac{3}{8}=8\frac{8}{8}-2\frac{3}{8}=6\frac{5}{8}$ 답 (1) $4\frac{4}{6}$ (2) $6\frac{5}{8}$

9 주현: $4-\frac{4}{6}=3\frac{6}{6}-\frac{4}{6}=3\frac{2}{6}$

우민: $5-1\frac{2}{4}=4\frac{4}{4}-1\frac{2}{4}=3\frac{2}{4}$ 답 우민

10 □$=3-1\frac{4}{9}=2\frac{9}{9}-1\frac{4}{9}=1\frac{5}{9}$ 답 $1\frac{5}{9}$

11 $4\frac{4}{9}-\frac{4}{9}=4$, $4-1\frac{3}{7}=3\frac{7}{7}-1\frac{3}{7}=2\frac{4}{7}$ 답 4, $2\frac{4}{7}$

12 (남은 설탕의 무게)

=(처음 설탕의 무게)-(덜어 낸 설탕의 무게)

$=3-\frac{5}{6}=2\frac{6}{6}-\frac{5}{6}=2\frac{1}{6}$ (kg)

답 $3-\frac{5}{6}=2\frac{1}{6}$, $2\frac{1}{6}$ kg

13 (나누어 준 쌀의 무게)

=(처음 쌀의 무게)-(남은 쌀의 무게)

$=40-25\frac{7}{12}=39\frac{12}{12}-25\frac{7}{12}=14\frac{5}{12}$ (kg)

답 $40-25\frac{7}{12}=14\frac{5}{12}$, $14\frac{5}{12}$ kg

유형 **7** 답 4, 2, 2

14 답 5, 2, 1, 5, 3, 1, 2, 1, 2

15 답 (1) $4\frac{7}{9}$ (2) $11\frac{3}{10}$

16 $3\frac{2}{6}-1\frac{3}{6}=2\frac{8}{6}-1\frac{3}{6}=1\frac{5}{6}$ 답 $1\frac{5}{6}$

17 답 $5\frac{1}{7}-2\frac{2}{7}=\frac{36}{7}-\frac{16}{7}=\frac{20}{7}=2\frac{6}{7}$

18 $4\frac{3}{7}-1\frac{5}{7}=3\frac{10}{7}-1\frac{5}{7}=2\frac{5}{7}$ ➡ $2\frac{5}{7}<2\frac{6}{7}$ 답 $<$

19 $2\frac{2}{15}-1\frac{9}{15}=1\frac{17}{15}-1\frac{9}{15}=\frac{8}{15}$ (m) 답 $\frac{8}{15}$ m

20 (더 가야 할 거리)
＝(준수네 집~박물관)－(준수네 집~지하철역)
$=4\frac{4}{11}-2\frac{5}{11}=3\frac{15}{11}-2\frac{5}{11}=1\frac{10}{11}$ (km)

답 $1\frac{10}{11}$ km

21 (남은 딸기의 무게)
＝(유아가 딴 딸기의 무게)
　－(할머니께 드린 딸기의 무게)
$=5\frac{4}{12}-3\frac{8}{12}=4\frac{16}{12}-3\frac{8}{12}=1\frac{8}{12}$ (kg)

답 $5\frac{4}{12}-3\frac{8}{12}=1\frac{8}{12}$, $1\frac{8}{12}$ kg

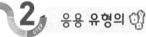

2 응용 유형의 힘 28~31쪽

1 $\frac{6}{9}+\frac{2}{9}=\frac{8}{9}$ 답 $\frac{8}{9}$

2 $4-\frac{6}{7}=3\frac{7}{7}-\frac{6}{7}=3\frac{1}{7}$ 답 $3\frac{1}{7}$

3 $3\frac{9}{11}-\frac{6}{11}=3\frac{3}{11}$ 답 $3\frac{3}{11}$

4 $7\frac{2}{8}+1\frac{7}{8}=8+\frac{9}{8}=8+1\frac{1}{8}=9\frac{1}{8}$ 답 $9\frac{1}{8}$

5 • $\frac{3}{6}+\frac{2}{6}=\frac{5}{6}$　• $\frac{1}{6}+\frac{4}{6}=\frac{5}{6}$ 답 $=$

6 $7-3\frac{1}{4}=6\frac{4}{4}-3\frac{1}{4}=3\frac{3}{4}$, $6-2\frac{3}{4}=5\frac{4}{4}-2\frac{3}{4}=3\frac{1}{4}$
➡ $3\frac{3}{4}>3\frac{1}{4}$ 답 $>$

7 ㉠ $1\frac{8}{12}+4\frac{5}{12}=5+1\frac{1}{12}=6\frac{1}{12}$

㉡ $8\frac{11}{12}-3\frac{3}{12}=5\frac{8}{12}$

➡ $6\frac{1}{12}>5\frac{8}{12}$ 답 ㉡

8 ㉠ $2\frac{7}{9}+\frac{7}{9}=2+1\frac{5}{9}=3\frac{5}{9}$

㉡ $6\frac{1}{9}-2\frac{3}{9}=5\frac{10}{9}-2\frac{3}{9}=3\frac{7}{9}$

➡ $3\frac{5}{9}<3\frac{7}{9}$ 답 ㉡

9 $1\frac{6}{6}+2\frac{5}{6}+4\frac{2}{6}=3\frac{6}{6}+4\frac{2}{6}=7\frac{8}{6}=8\frac{2}{6}$ 답 $8\frac{2}{6}$

10 $5\frac{2}{8}-1\frac{6}{8}-1\frac{3}{8}=4\frac{10}{8}-1\frac{6}{8}-1\frac{3}{8}=3\frac{4}{8}-1\frac{3}{8}=2\frac{1}{8}$

답 $2\frac{1}{8}$

11 $2\frac{1}{9}+3\frac{8}{9}-1\frac{3}{9}=5\frac{9}{9}-1\frac{3}{9}=4\frac{6}{9}$ 답 $4\frac{6}{9}$

12 합이 11이고 차가 3인 두 수는 7과 4이므로 두 진분수는 $\frac{7}{12}$, $\frac{4}{12}$입니다. 답 $\frac{7}{12}$, $\frac{4}{12}$

13 합이 5이고 차가 3인 두 수는 4와 1이므로 두 진분수는 $\frac{4}{9}$, $\frac{1}{9}$입니다. 답 $\frac{4}{9}$, $\frac{1}{9}$

14 $1\frac{1}{11}=\frac{12}{11}$이므로 합이 12이고 차가 4인 두 수는 8과 4입니다. 따라서 두 진분수는 $\frac{8}{11}$, $\frac{4}{11}$입니다.

답 $\frac{8}{11}$, $\frac{4}{11}$

15 $1=\frac{8}{8}$이므로 합이 8이고 차가 2인 두 수는 5와 3입니다. 따라서 두 진분수는 $\frac{5}{8}$, $\frac{3}{8}$입니다. 답 $\frac{5}{8}$, $\frac{3}{8}$

16 □$+2\frac{3}{6}=7\frac{5}{6}$, □$=7\frac{5}{6}-2\frac{3}{6}=5\frac{2}{6}$ 답 $5\frac{2}{6}$

17 □$-3\frac{2}{7}=1\frac{3}{7}$, □$=1\frac{3}{7}+3\frac{2}{7}=4\frac{5}{7}$ 답 $4\frac{5}{7}$

18 $4\frac{2}{9}-$□$=1\frac{7}{9}$, □$=4\frac{2}{9}-1\frac{7}{9}=3\frac{11}{9}-1\frac{7}{9}=2\frac{4}{9}$

답 $2\frac{4}{9}$

19 $3\frac{3}{8}+4\frac{6}{8}=7\frac{9}{8}=8\frac{1}{8}$ 이므로 $8\frac{1}{8}=\square+5\frac{4}{8}$ 입니다.

➔ $\square=8\frac{1}{8}-5\frac{4}{8}=7\frac{9}{8}-5\frac{4}{8}=2\frac{5}{8}$

답 $2\frac{5}{8}$

20 빼는 수가 작을수록 계산 결과가 커지므로 자연수 부분에 가장 작은 수, 분자 부분에 두 번째로 작은 수를 놓습니다. → $4-2\frac{3}{7}$

➔ $4-2\frac{3}{7}=3\frac{7}{7}-2\frac{3}{7}=1\frac{4}{7}$

답 2, 3 / $1\frac{4}{7}$

21 빼는 수가 클수록 계산 결과가 작아지므로 자연수 부분에 가장 큰 수, 분자 부분에 두 번째로 큰 수를 놓습니다. → $7-6\frac{5}{8}$

➔ $7-6\frac{5}{8}=6\frac{8}{8}-6\frac{5}{8}=\frac{3}{8}$

답 6, 5 / $\frac{3}{8}$

22 빼지는 수가 작고 빼는 수가 클수록 계산 결과가 작아지므로 빼지는 수의 분자에 가장 작은 수, 빼는 수의 분자에 가장 큰 수를 놓습니다. → $4\frac{1}{6}-3\frac{4}{6}$

➔ $4\frac{1}{6}-3\frac{4}{6}=3\frac{7}{6}-3\frac{4}{6}=\frac{3}{6}$

답 1, 4 / $\frac{3}{6}$

23 $\frac{5}{8}+\frac{6}{8}=\frac{11}{8}=1\frac{3}{8}$ 이므로 $1\frac{3}{8}<1\frac{\square}{8}$ 입니다.
따라서 □ 안에 들어갈 수 있는 자연수는 4, 5, 6, 7입니다.

답 4, 5, 6, 7

24 $2\frac{7}{9}+2\frac{5}{9}=4\frac{12}{9}=5\frac{3}{9}$ 이므로 $5\frac{3}{9}>5\frac{\square}{9}$ 입니다.
따라서 □ 안에 들어갈 수 있는 자연수는 1, 2입니다.

답 1, 2

25 $6\frac{3}{10}-3\frac{8}{10}=5\frac{13}{10}-3\frac{8}{10}=2\frac{5}{10}$ 이므로 $2\frac{5}{10}>2\frac{\square}{10}$ 입니다. 따라서 □ 안에 들어갈 수 있는 자연수는 1, 2, 3, 4입니다.

답 1, 2, 3, 4

26 (색 테이프 2장의 길이의 합)
$=3\frac{4}{5}+3\frac{4}{5}=6\frac{8}{5}=7\frac{3}{5}$ (m)

➔ (이어 붙인 색 테이프의 전체 길이)
$=7\frac{3}{5}-1\frac{3}{5}=6$ (m)

답 6 m

27 (색 테이프 3장의 길이의 합)$=5+5+5=15$ (m)
(겹쳐진 부분의 길이의 합)$=1\frac{6}{7}+1\frac{6}{7}=2\frac{12}{7}=3\frac{5}{7}$ (m)

➔ (이어 붙인 색 테이프의 전체 길이)
$=15-3\frac{5}{7}=14\frac{7}{7}-3\frac{5}{7}=11\frac{2}{7}$ (m)

답 $11\frac{2}{7}$ m

3 서술형의 힘 32~33쪽

1-1 (1) (집~문구점)+(문구점~서점)
$=\frac{9}{12}+\frac{5}{12}=1\frac{2}{12}$ (km)

(2) $1\frac{2}{12}-\frac{11}{12}=\frac{3}{12}$ (km)

답 (1) $1\frac{2}{12}$ km (2) $\frac{3}{12}$ km

1-2 모범 답안 ❶ (집~미술관~전쟁기념관)
$=\frac{7}{15}+\frac{11}{15}=\frac{18}{15}=1\frac{3}{15}$ (km)

❷ (미술관을 거쳐 가는 거리)−(바로 가는 거리)
$=1\frac{3}{15}-1\frac{1}{15}=\frac{2}{15}$ (km)

답 $\frac{2}{15}$ km

채점 기준

❶ 집에서 미술관을 거쳐 전쟁기념관까지 가는 거리를 구함.	2점	
❷ 위 ❶에서 구한 거리에서 바로 가는 거리를 빼서 몇 km 더 먼지 구함.	3점	5점

2-1 (1) (가로)+(세로)$=2\frac{3}{10}+1\frac{4}{10}=3\frac{7}{10}$ (m)

(3) $3\frac{7}{10}+3\frac{7}{10}=6\frac{14}{10}=7\frac{4}{10}$ (m)

답 (1) $3\frac{7}{10}$ m (2) 2개 (3) $7\frac{4}{10}$ m

2-2 모범 답안 ❶ (가로)+(세로)$=1\frac{9}{26}+1\frac{5}{26}=2\frac{14}{26}$ (m)

❷ 직사각형에는 가로와 세로가 각각 2개씩 있습니다.

❸ (직사각형의 네 변의 길이의 합)
$=2\frac{14}{26}+2\frac{14}{26}=4\frac{28}{26}=5\frac{2}{26}$ (m)

답 $5\frac{2}{26}$ m

채점 기준

❶ 직사각형 가로와 세로의 합을 구함.	2점	
❷ 직사각형에는 가로와 세로가 각각 몇 개씩인지 구함.	1점	5점
❸ 직사각형의 네 변의 길이의 합을 구함.	2점	

3-1 (2) $\square+2\frac{4}{5}=6\frac{2}{5}$, $\square=6\frac{2}{5}-2\frac{4}{5}=5\frac{7}{5}-2\frac{4}{5}=3\frac{3}{5}$

(3) $3\frac{3}{5}-2\frac{4}{5}=2\frac{8}{5}-2\frac{4}{5}=\frac{4}{5}$

답 (1) 예 $\square+2\frac{4}{5}=6\frac{2}{5}$ (2) $3\frac{3}{5}$ (3) $\frac{4}{5}$

3-2 **모범 답안** ❶ 어떤 수를 □라 하면 $\square - 3\dfrac{4}{9} = 8\dfrac{4}{9}$입니다.

❷ $\square - 3\dfrac{4}{9} = 8\dfrac{4}{9}$, $\square = 8\dfrac{4}{9} + 3\dfrac{4}{9} = 11\dfrac{8}{9}$

❸ (바르게 계산한 값)

$$= 11\dfrac{8}{9} + 3\dfrac{4}{9} = 14\dfrac{12}{9} = 15\dfrac{3}{9}$$ 답 $15\dfrac{3}{9}$

채점 기준

❶ 어떤 수를 구하는 식을 세움.	1점	
❷ 위 ❶의 식에서 어떤 수를 구함.	2점	5점
❸ 바르게 계산한 값을 구함.	2점	

4-1 (1) $6\dfrac{2}{7} - 2\dfrac{3}{7} = 5\dfrac{9}{7} - 2\dfrac{3}{7} = 3\dfrac{6}{7}$ (kg)

(2) $3\dfrac{6}{7} - 2\dfrac{3}{7} = 1\dfrac{3}{7}$ (kg)

(3) $1\dfrac{3}{7}$ kg으로는 작품 1개를 더 만들 수 없으므로 작품 2개를 만들고 설탕 $1\dfrac{3}{7}$ kg이 남습니다.

답 (1) $3\dfrac{6}{7}$ kg (2) $1\dfrac{3}{7}$ kg (3) 2개, $1\dfrac{3}{7}$ kg

4-2 **모범 답안** ❶ (시루떡 1판을 만들고 남는 쌀의 양)

$$= 3\dfrac{4}{15} - 1\dfrac{6}{15} = 2\dfrac{19}{15} - 1\dfrac{6}{15} = 1\dfrac{13}{15}$$ (kg)

❷ (시루떡 1판을 더 만들고 남는 쌀의 양)

$$= 1\dfrac{13}{15} - 1\dfrac{6}{15} = \dfrac{7}{15}$$ (kg)

❸ $\dfrac{7}{15}$ kg으로는 시루떡 1판을 더 만들 수 없으므로 시루떡을 2판 만들고 쌀 $\dfrac{7}{15}$ kg이 남습니다.

답 2판, $\dfrac{7}{15}$ kg

채점 기준

❶ 시루떡 1판을 만들고 남는 쌀의 양을 구함.	2점	
❷ 위 ❶의 값에서 시루떡 1판을 더 만들고 남는 쌀의 양을 구함.	2점	5점
❸ 만들 수 있는 시루떡의 판 수와 남는 쌀의 양을 구함.	1점	

단원평가 34~36쪽

1 $\dfrac{4}{6}$만큼 색칠한 것과 $\dfrac{1}{6}$만큼 색칠한 것을 더하면 $\dfrac{5}{6}$가 됩니다.

➡ $\dfrac{4}{6} + \dfrac{1}{6} = \dfrac{4+1}{6} = \dfrac{5}{6}$ 답 1, 5

2 $1 - \dfrac{7}{11} = \dfrac{11}{11} - \dfrac{7}{11} = \dfrac{4}{11}$ 답 $\dfrac{4}{11}$

3 $2\dfrac{1}{8} + 1\dfrac{5}{8} = (2+1) + \left(\dfrac{1}{8} + \dfrac{5}{8}\right) = 3 + \dfrac{6}{8} = 3\dfrac{6}{8}$ 답 $3\dfrac{6}{8}$

4 답 $1\dfrac{4}{9} + 1\dfrac{8}{9} = \dfrac{13}{9} + \dfrac{17}{9} = \dfrac{30}{9} = 3\dfrac{3}{9}$

5 $\dfrac{7}{12} + \dfrac{8}{12} = \dfrac{15}{12} = 1\dfrac{3}{12}$ 답 $1\dfrac{3}{12}\left(=\dfrac{15}{12}\right)$

6 $4\dfrac{5}{10} + 3\dfrac{8}{10} = (4+3) + \left(\dfrac{5}{10} + \dfrac{8}{10}\right) = 7 + 1\dfrac{3}{10} = 8\dfrac{3}{10}$

답 $8\dfrac{3}{10}$

7 $\square = \dfrac{12}{13} - \dfrac{8}{13} = \dfrac{4}{13}$ 답 $\dfrac{4}{13}$

8 답 $7\dfrac{9}{15} - 3\dfrac{10}{15} = 6\dfrac{24}{15} - 3\dfrac{10}{15} = (6-3) + \left(\dfrac{24}{15} - \dfrac{10}{15}\right)$

$$= 3 + \dfrac{14}{15} = 3\dfrac{14}{15}$$

✔ **주의** $7\dfrac{9}{15}$에서 1만큼을 분수로 바꾸면 $7\dfrac{24}{15}$가 아니고 $6\dfrac{24}{15}$가 됩니다.

9 $\square = 5\dfrac{1}{14} - 3\dfrac{5}{14} = 4\dfrac{15}{14} - 3\dfrac{5}{14} = 1\dfrac{10}{14}$ (m) 답 $1\dfrac{10}{14}$

10 $7\dfrac{4}{9} - 4\dfrac{7}{9} = 6\dfrac{13}{9} - 4\dfrac{7}{9} = 2\dfrac{6}{9}$ 답 <

11 답 $\dfrac{8}{10} + \dfrac{9}{10} = 1\dfrac{7}{10}\left(=\dfrac{17}{10}\right)$, $1\dfrac{7}{10}\left(=\dfrac{17}{10}\right)$ m

12 $4 - 2\dfrac{13}{18} = 3\dfrac{18}{18} - 2\dfrac{13}{18} = 1\dfrac{5}{18}$ (cm) 답 $1\dfrac{5}{18}$ cm

13 가장 큰 분수: $4\dfrac{1}{16}$, 가장 작은 분수: $3\dfrac{9}{16}$

➡ $4\dfrac{1}{16} - 3\dfrac{9}{16} = 3\dfrac{17}{16} - 3\dfrac{9}{16} = \dfrac{8}{16}$ 답 $\dfrac{8}{16}$

14 답 $3\dfrac{3}{8} - 1\dfrac{5}{8} = 1\dfrac{6}{8}$, $1\dfrac{6}{8}$ kg

15 $2\dfrac{1}{7}$ 작은 수: $4\dfrac{2}{7} - 2\dfrac{1}{7} = 2\dfrac{1}{7}$

$\dfrac{11}{7}$ 큰 수: $4\dfrac{2}{7} + \dfrac{11}{7} = \dfrac{30}{7} + \dfrac{11}{7} = \dfrac{41}{7} = 5\dfrac{6}{7}$

답 $2\dfrac{1}{7}$, $5\dfrac{6}{7}$

16 답 $4\dfrac{1}{6}$, 2

17 (삼각형의 세 변의 길이의 합)

$$=1\frac{8}{10}+1\frac{6}{10}+2\frac{1}{10}$$

$$=3\frac{4}{10}+2\frac{1}{10}$$

$$=5\frac{5}{10}\text{ (m)}$$

답 $5\frac{5}{10}$ m

18 $2\frac{7}{11}=1\frac{\square}{11}+\frac{10}{11}$에서

$1\frac{\square}{11}=2\frac{7}{11}-\frac{10}{11}$

$\qquad =1\frac{18}{11}-\frac{10}{11}=1\frac{8}{11},$

$\square=8$입니다.

따라서 $\square$ 안에 들어갈 수 있는 자연수는 8보다 크고 11보다 작은 9, 10이므로 모두 2개입니다.

답 2개

19 모범 답안 ❶ (상자 한 개를 칠하고 남는 페인트의 양)

$$=5\frac{4}{11}-2\frac{1}{11}=3\frac{3}{11}\text{ (L)}$$

❷ (상자 한 개를 더 칠하고 남는 페인트의 양)

$$=3\frac{3}{11}-2\frac{1}{11}=1\frac{2}{11}\text{ (L)}$$

❸ $1\frac{2}{11}$ L로는 상자를 더 칠할 수 없으므로 상자를 2개 칠하고 페인트가 $1\frac{2}{11}$ L 남습니다.

답 2개, $1\frac{2}{11}$ L

채점 기준		
❶ 상자 한 개를 칠하고 남는 페인트의 양을 구함.	2점	
❷ 위 ❶의 값에서 상자 한 개를 더 칠하고 남는 페인트의 양을 구함.	2점	5점
❸ 칠할 수 있는 상자의 개수와 남는 페인트의 양을 구함.	1점	

20 모범 답안 ❶ 합이 5가 되는 두 수는 (1, 4), (2, 3)입니다.

❷ 이중 차가 3인 두 수는 (1, 4)입니다.

❸ 따라서 구하려는 두 진분수는 $\frac{1}{7}$, $\frac{4}{7}$입니다.

답 $\frac{1}{7}$, $\frac{4}{7}$

채점 기준		
❶ 합이 5가 되는 두 수를 모두 구함.	2점	
❷ 이중 차가 3인 두 수를 구함.	2점	5점
❸ 구하려는 두 진분수를 구함.	1점	

2 삼각형

👁 **개념의** 🖐　　　　　　　　　40~45쪽

개념 **1**　　　　　　　　　　　　40~41쪽

개념 확인하기

1 오른쪽 삼각형은 세 변의 길이가 모두 다릅니다.

답 (○) (　)

2 이등변삼각형: 두 변의 길이가 같은 삼각형

답 이등변삼각형

3 가: 두 변의 길이가 같은 삼각형입니다.　　답 나

4 정삼각형은 세 변의 길이가 같습니다.　　답 6

개념 다지기

1 (1) 자를 사용하여 두 변의 길이가 같은 삼각형을 찾습니다.

(2) 자를 사용하여 세 변의 길이가 같은 삼각형을 찾습니다.

답 (1) 나, 다　(2) 다

2 이등변삼각형은 두 변의 길이가 같습니다.　답 7

3 정삼각형은 세 변의 길이가 같습니다.　답 5

4 답 ㉠ / 두 변

5

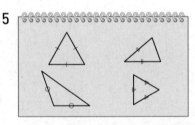

세 변의 길이가 같은 삼각형은 2개입니다.　답 2개

6 두 변의 길이가 같으므로 이등변삼각형입니다.

답 이등변삼각형

개념 **2**　　　　　　　　　　　　42~43쪽

개념 확인하기

1 겹쳐서 잘랐으므로 겹쳐진 변의 길이가 같습니다.

답 ㄱㄷ

2 겹쳐서 잘랐으므로 겹쳐진 각의 크기가 같습니다.

답 ㄱㄷㄹ

3 답 80°, 50°, 50°

4 이등변삼각형은 크기가 같은 각이 2개 있습니다.

답 2개

개념 다지기

1 답 예  / 같습니다에 ○표

2 이등변삼각형은 두 각의 크기가 같습니다. 답 55

3 이등변삼각형은 두 각의 크기가 같습니다. 답 70

4 두 변의 길이가 같으므로 이등변삼각형입니다.
이등변삼각형은 두 각의 크기가 같습니다. 답 50°

5 답

6 두 변의 길이가 같으므로 이등변삼각형입니다.

답 이등변삼각형

7 □°+□°+130°=180°, □°+□°=50°, □°=25°

답 25, 25

개념 3 44~45쪽

개념 확인하기

1 답 60°, 60°, 60°

2 답 같습니다에 ○표

3 모든 삼각형의 세 각의 크기의 합은 180°입니다.

답 180°

4 정삼각형은 세 각의 크기가 같습니다.
➡ (정삼각형의 한 각의 크기)=180°÷3=60° 답 60°

개념 다지기

1 세 각의 크기가 모두 60°로 같습니다.

답  / 같습니다에 ○표

2 정삼각형은 세 각의 크기가 모두 60°로 같습니다.

답 60

3 정삼각형은 세 각의 크기가 모두 60°로 같습니다.

답 60

4 답 예

5 세 변의 길이가 같으므로 정삼각형입니다. 답 정삼각형

6 세 변의 길이가 같으므로 정삼각형입니다. 답 정삼각형

7 정삼각형은 세 각의 크기가 모두 60°로 같습니다.

답 60°, 60°

1 STEP 기본 유형의 46~49쪽

유형 1 답 7

1 변 ㄱㄴ과 변 ㄱㄷ의 길이가 같으므로 두 변의 길이가
같은 이등변삼각형입니다. 답 이등변삼각형

2 정삼각형은 세 변의 길이가 같습니다. 답 9, 9

3 색종이에 그린 두 변의 길이는 색종이의 한 변의 길이
와 같으므로 세 변의 길이가 모두 같은 정삼각형입니다.

답 정삼각형

4 세 변의 길이가 같은 삼각형을 찾습니다. 답 나

5 준호가 가지고 있는 막대는 8 cm입니다.
세 변의 길이가 8 cm, 9 cm, 8 cm이므로 만들 수 있
는 삼각형은 두 변의 길이가 같은 이등변삼각형입니다.

답 이등변삼각형

유형 2 답 40

6 이등변삼각형은 길이가 같은 두 변과 함께 하는 두 각
의 크기가 같습니다.
➡ (각 ㄱㄴㄷ)=(각 ㄱㄷㄴ)

답 각 ㄱㄷㄴ

7 이등변삼각형은 두 각의 크기가 같으므로
□°+□°+90°=180°, □°+□°=90°, □°=45°

답 45, 45

8 답

9 두 각의 크기가 같은 삼각형은 이등변삼각형입니다.

답 8

10 두 변의 길이가 같게 삼각형을 그립니다.

답 예

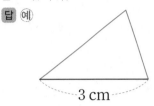

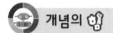
3 cm

11 이등변삼각형이므로

⊙$=180°-35°-35°=110°$

답 110°

12 이등변삼각형이므로

⊙$+$⊙$+120°=180°$

⊙$+$⊙$=60°$, ⊙$=30°$

답 30°

13 이등변삼각형은 두 변의 길이가 같으므로 나머지 한 변의 길이는 9 cm입니다.

➡ (세 변의 길이의 합)$=9+9+5=23$ (cm)

답 23 cm

유형 3 답 60

14 세 변의 길이가 같은 삼각형을 그립니다.

답 예

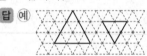

15 60°, 60°, 60°로 세 각의 크기가 같습니다.

답 세

16 세 변의 길이가 같은 정삼각형이므로 한 각의 크기는 60°입니다.

답 60

17 주어진 선분의 양 끝각이 60°가 되는 두 선이 만나는 점과 선분의 양 끝점을 잇습니다.

답 예

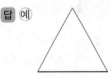

18 주어진 선분의 양 끝각이 60°가 되는 두 선이 만나는 점과 선분의 양 끝점을 잇습니다.

답 예

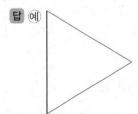

19 세 각의 크기가 60°로 모두 같으므로 정삼각형입니다.

➡ 세 변의 길이가 같습니다.

답 5, 5

20 이등변삼각형은 두 변의 길이가 같으므로 정삼각형이라고 할 수 없습니다.

답 지희

21 정삼각형은 세 변의 길이가 같으므로 한 변의 길이는 $30÷3=10$ (cm)입니다.

답 10

개념의 힘

50~53쪽

개념 **4**

50~51쪽

개념 확인하기

1 예각: 각도가 0°보다 크고 90°보다 작은 각

답

2 답 세에 ○표, 예각

3 둔각: 각도가 90°보다 크고 180°보다 작은 각

답

4 답 한에 ○표, 둔각삼각형

개념 다지기

1

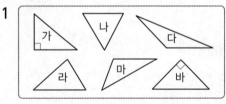

예각삼각형: 세 각이 모두 예각인 삼각형을 찾습니다.

둔각삼각형: 한 각이 둔각인 삼각형을 찾습니다.

직각삼각형: 한 각이 직각인 삼각형을 찾습니다.

답 나, 라 / 다, 마 / 가, 바

2

⊙과 선분을 이으면 둔각삼각형이 됩니다.

ⓒ과 선분을 이으면 직각삼각형이 됩니다.

ⓔ과 선분을 이으면 둔각삼각형이 됩니다.

ⓜ과 선분을 이으면 삼각형이 되지 않습니다.

답 ⓒ

3 한 각이 둔각인 삼각형을 그립니다.

답 예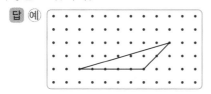

4 세 각이 예각이 되도록 그립니다.

답 예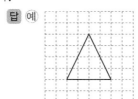

5

한 각이 둔각인 삼각형을 찾으면 1개입니다.
①, ②, ③ ➡ 예각삼각형　　　　　　답 1개

6 세 각이 모두 예각이므로 예각삼각형입니다.

답 예각삼각형

개념 5　　　　　　52~53쪽

개념 확인하기

1 이등변삼각형: 변의 길이에 따라 분류한 이름입니다.

답 (　)(○)

2 예각삼각형: 각의 크기에 따라 분류한 이름입니다.

답 (　)(○)

3 세 각이 모두 예각인 삼각형을 찾습니다.　답 나

4 두 변의 길이가 같은 삼각형을 찾습니다.　답 나

5 답 나

개념 다지기

1 두 변의 길이가 같으므로 이등변삼각형입니다.
한 각이 둔각이므로 둔각삼각형입니다.

답

2 두 변의 길이가 같으므로 이등변삼각형입니다.
세 각이 모두 예각이므로 예각삼각형입니다.

답

3 이등변삼각형 ➡ 가, 나
직각삼각형 ➡ 나

답 나

4 답 ⑴ 이등변삼각형　⑵ 둔각삼각형　⑶ 이등변삼각형

5 세 변의 길이가 같습니다. ➡ 정삼각형, 이등변삼각형
세 각의 크기가 60°로 같습니다. ➡ 예각삼각형

답 ㉠, ㉡, ㉢

1 STEP 기본 유형의 🐾　　　54~55쪽

유형 4　답 둔, 예

1 한 각이 둔각인 삼각형 ➡ 둔각삼각형
세 각이 모두 예각인 삼각형 ➡ 예각삼각형

답

2 세 각이 모두 예각인 삼각형은 나, 라입니다.

답 나, 라

3 예각삼각형: 세 각이 모두 예각인 삼각형을 그립니다.
둔각삼각형: 한 각이 둔각인 삼각형을 그립니다.

답 예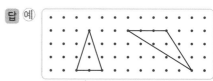

4 ㉠ 직각삼각형, ㉡ 둔각삼각형

답 ㉢

5 답 둔각, 둔각삼각형

유형 5　두 변의 길이가 같으므로 이등변삼각형입니다.
세 각이 모두 예각이므로 예각삼각형입니다.　답 ①, ②

6 두 변의 길이가 같은 삼각형을 찾습니다.　답 나, 다

7 세 각이 모두 0°보다 크고 90°보다 작은 삼각형을 찾습니다.　답 다

8 답 다

9 ㉡ 정삼각형은 세 변의 길이가 같아야 합니다.　답 ㉡

10 정삼각형의 세 각은 모두 60°이므로 예각입니다.
➡ 예각삼각형　　　　　　답 예각삼각형

11 가: 세 변의 길이가 모두 다른 둔각삼각형입니다.
나: 이등변삼각형이면서 예각삼각형입니다.
다: 이등변삼각형이면서 직각삼각형입니다.

답	예각 삼각형	둔각 삼각형	직각 삼각형
이등변삼각형	나		다
세 변의 길이가 모두 다른 삼각형		가	

2 응용 유형의 😀 56~59쪽

1 두 변의 길이가 같은 삼각형을 찾습니다.
정삼각형도 이등변삼각형이라고 할 수 있습니다.

답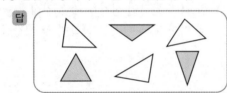

2 세 변의 길이가 같은 삼각형을 찾습니다.

답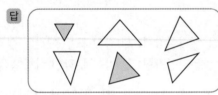

3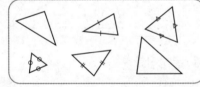

정삼각형도 이등변삼각형이라고 할 수 있으므로 이등변삼각형은 4개, 정삼각형은 2개입니다.

답 4개, 2개

4 (×) ➡ 둔각삼각형이 2개 만들어집니다.

답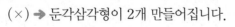

5 (×) ➡ 예각삼각형이 2개 만들어집니다.

답

6
예각삼각형
둔각삼각형

(×) ➡ 예각삼각형이 2개 만들어집니다.

답

7 주어진 변과 길이가 같은 변을 2개 더 그어 세 변의 길이가 같은 삼각형을 완성합니다. 답 예

8 주어진 변과 길이가 같은 변을 2개 더 그어 세 변의 길이가 같은 삼각형을 완성합니다.

답 예

9 주어진 변과 길이가 같은 변을 2개 더 그어 세 변의 길이가 같은 삼각형을 완성합니다. 답 예

10 (길이가 같은 두 변의 길이의 합)
=20−4=16 (cm)
(변 ㄱㄷ의 길이)=16÷2=8 (cm) 답 8 cm

11 (길이가 같은 두 변의 길이의 합)
=32−8=24 (cm)
(변 ㄱㄴ의 길이)=24÷2=12 (cm) 답 12 cm

12 (길이가 같은 두 변의 길이의 합)
=23−5=18 (cm)
(변 ㄱㄴ의 길이)=18÷2=9 (cm) 답 9 cm

13 두 각의 크기가 같으므로 이등변삼각형입니다.
세 각이 모두 예각이므로 예각삼각형입니다.
답 이등변삼각형, 예각삼각형에 ○표

14 두 각의 크기가 같으므로 이등변삼각형입니다.
한 각이 둔각이므로 둔각삼각형입니다.
답 이등변삼각형, 둔각삼각형에 ○표

15 두 각의 크기가 같으므로 이등변삼각형입니다.
세 각의 크기가 같으므로 정삼각형입니다.
세 각이 모두 예각이므로 예각삼각형입니다.

답 이등변삼각형, 정삼각형, 예각삼각형에 ○표

16

$\bigcirc=50°$

$\bigcirc=180°-50°=130°$　　　　**답** $130°$

17

$\bigcirc=30°$

$\bigcirc=180°-30°=150°$　　　　**답** $150°$

18

$\bigcirc=65°$

$\bigcirc=180°-65°=115°$　　　　**답** $115°$

19 ・$180°-40°-80°=60°$
　・$180°-90°-45°=45°$
　　➡ $45°$, $45°$로 두 각의 크기가 같으므로 이등변삼각형입니다.
　・$180°-100°-40°=40°$
　　➡ $40°$, $40°$로 두 각의 크기가 같으므로 이등변삼각형입니다.　　**답** ( )(○)(○)

20 ・$180°-25°-130°=25°$
　　➡ $25°$, $25°$로 두 각의 크기가 같으므로 이등변삼각형입니다.
　・$180°-70°-55°=55°$
　　➡ $55°$, $55°$로 두 각의 크기가 같으므로 이등변삼각형입니다.
　・$180°-95°-60°=25°$　　**답** (○)(○)( )

21 ・$180°-110°-30°=40°$
　・$60°$, $60°$로 두 각의 크기가 같으므로 이등변삼각형입니다.
　・$180°-140°-20°=20°$
　　➡ $20°$, $20°$로 두 각의 크기가 같으므로 이등변삼각형입니다.　　**답** ( )(○)(○)

22 　➡ ②, ①+②로 2개입니다.
답 2개

23 　➡ ①, ③, ①+②+③으로 3개입니다.
답 3개

24 작은 삼각형 1개짜리: 9개
작은 삼각형 4개짜리: 3개
작은 삼각형 9개짜리: 1개
➡ 크고 작은 정삼각형은 모두 9+3+1=13(개)입니다.
답 13개

3 서술형의 힘　　　　　60~61쪽

1-1 (1) $180°-80°-70°=30°$
답 (1) $30°$ (2) 없습니다.
(3) [모범 답안] $30°$입니다. 따라서 크기가 같은 두 각이 없으므로 이등변삼각형이 아닙니다.

1-2 [모범 답안] ❶ 나머지 한 각의 크기는
$180°-50°-90°=40°$입니다.
❷ 삼각형의 세 각이 $50°$, $90°$, $40°$이므로 크기가 같은 두 각이 없습니다.
❸ 따라서 크기가 같은 두 각이 없으므로 이등변삼각형이 아닙니다.

채점 기준

❶ 나머지 한 각의 크기를 구함.	2점	
❷ 크기가 같은 두 각이 있는지 알아봄.	1점	5점
❸ 이등변삼각형이 아닌 이유를 설명함.	2점	

2-1 (1) $180°-55°-80°=45°$
(2) 세 각이 $55°$, $80°$, $45°$로 모두 예각이므로 예각삼각형입니다.

답 (1) $45°$ (2) 예각삼각형

2-2 [모범 답안] ❶ 나머지 한 각의 크기는
$180°-40°-30°=110°$입니다.
❷ 삼각형의 세 각이 $40°$, $30°$, $110°$이므로 한 각이 둔각입니다.
따라서 이 삼각형은 둔각삼각형입니다.

답 둔각삼각형

채점 기준

❶ 나머지 한 각의 크기를 구함.	2점	
❷ 어떤 삼각형인지 구함.	3점	5점

3-1 (2) $32°+32°=64°$
(3) $64°+ⓒ+ⓒ=180°$, $ⓒ+ⓒ=116°$, $ⓒ=58°$

답 (1) 이등변삼각형 (2) $64°$ (3) $58°$

3-2 [모범 답안] ❶ 반으로 접어서 자른 후 펼쳤으므로 펼친 도형은 두 변의 길이가 같은 이등변삼각형입니다.
❷ $ⓒ=24°+24°=48°$
❸ $⊙+⊙+48°=180°$, $⊙+⊙=132°$, $⊙=66°$입니다. **답** $66°$

채점 기준		
❶ 펼친 도형이 어떤 삼각형인지 구함.	1점	
❷ ⓒ의 크기를 구함.	1점	5점
❸ ⊙의 크기를 구함	3점	

4-1 (2) (정삼각형의 한 변)$=20÷4=5$ (cm)

답 (1) 4배 (2) 5 cm

4-2 [모범 답안] ❶ 도형의 네 변의 길이의 합은 정삼각형의 한 변의 길이의 5배입니다.
❷ (정삼각형의 한 변)$=30÷5=6$ (cm) **답** 6 cm

채점 기준		
❶ 도형의 네 변의 길이의 합이 정삼각형의 한 변의 길이의 몇 배인지 구함.	2점	
❷ 정삼각형의 한 변의 길이를 구함.	3점	5점

수학의 힘 단원평가   62~64쪽

1 예각삼각형은 세 각이 모두 예각인 삼각형입니다.

답 예, 예각삼각형

2 두 변의 길이가 같은 삼각형을 찾습니다.

답 ( ) (◯)

3 이등변삼각형은 두 각의 크기가 같습니다. **답** 65

4 세 변의 길이가 같은 삼각형은 ⊙, ⊜입니다. **답** ⊙, ⊜

5 정삼각형은 세 각이 모두 $60°$로 같습니다. **답** 60, 60

6 점 ㄷ과 선분을 이으면 둔각삼각형, 점 ㄹ과 선분을 이으면 직각삼각형, 점 ㅁ과 선분을 이으면 예각삼각형, 점 ㅂ과 선분을 이으면 직각삼각형이 됩니다.
점 ㅅ과 선분을 이으면 삼각형이 되지 않습니다. **답** 점 ㄷ

7 두 각의 크기가 같으므로 이등변삼각형입니다.
한 각이 직각이므로 직각삼각형입니다.

답 이등변삼각형, 직각삼각형에 ◯표

8 세 각이 모두 예각인 삼각형은 3개입니다. **답** 3개

9 두 변의 길이가 같고, 세 각이 모두 예각인 삼각형을 찾습니다. **답** ⊙

10 두 각의 크기가 같으므로 이등변삼각형입니다. **답** 6

11 선분을 1개 그은 후 선분의 양 끝각이 $60°$가 되는 두 선이 만나는 점과 선분의 양 끝점을 잇습니다.

답 예

12 **답** 예

13 $□°+□°+140°=180°$, $□°+□°=40°$, $□°=20°$

답 20, 20

14 세 각이 예각인 삼각형과 한 각이 둔각인 삼각형이 1개씩 만들어지도록 선을 긋습니다. **답**

15 (정삼각형의 한 변)$=48÷3=16$ (cm) **답** 16 cm

16 이등변삼각형은 두 각의 크기가 같으므로
$⊙=180°-40°-40°=100°$ **답** 100°

17 정삼각형은 세 각이 모두 $60°$이므로
(각 ㄱㄷㄴ)$=60°$, $□°=180°-60°=120°$ **답** 120

18 (변 ㄱㄴ)+(변 ㄹㄷ)$=42-8-8=26$ (cm)
➔ (변 ㄹㄷ)$=26÷2=13$ (cm) **답** 13 cm

19 [모범 답안] ❶ 이등변삼각형이므로 나머지 한 변의 길이는 5 cm입니다.
❷ 따라서 세 변의 길이의 합은 $5+5+3=13$ (cm)입니다. **답** 13 cm

채점 기준		
❶ 나머지 한 변의 길이를 구함.	3점	
❷ 삼각형의 세 변의 길이의 합을 구함.	2점	5점

20 [모범 답안] ❶ 삼각형의 세 각의 크기의 합은 $180°$이므로 처음 모양에서
(나머지 한 각의 크기)$=180°-80°-60°=40°$입니다.
❷ 따라서 세 각이 모두 예각이므로 처음 헝겊의 모양은 예각삼각형입니다. **답** 예각삼각형

채점 기준		
❶ 처음 모양에서 나머지 한 각의 크기를 구함.	2점	
❷ 처음 헝겊의 모양은 어떤 삼각형이었는지 구함.	3점	5점

3 소수의 덧셈과 뺄셈

개념의 힘 68~73쪽

개념 1 68~69쪽

개념 확인하기

1 전체를 똑같이 100칸으로 나눈 것 중의 1칸은 분수로
$\dfrac{1}{100}$입니다. 분수 $\dfrac{1}{100}$은 소수 0.01과 같습니다.

답 $\dfrac{1}{100}$, 0.01

2 0.01이 6개이므로 0.06입니다. 답 0.06

3 답 일, 1

4 답 소수 첫째, 0.4

5 답 소수 둘째, 0.08

개념 다지기

1 모눈 1칸의 크기는 $\dfrac{1}{100}=0.01$입니다.

색칠한 부분은 모눈 34칸이므로 $\dfrac{34}{100}=0.34$입니다.

답 0.34

2 소수를 읽을 때 소수점 아래의 수는 자릿값을 읽지 않고 숫자만 읽습니다. 답 ⑴ 영 점 이구 ⑵ 오 점 일육

3 0.01이 5개인 수는 0.05

$\dfrac{1}{100}=0.01 \Rightarrow \dfrac{64}{100}=0.64$

영 점 팔오를 수로 쓰면 0.85

답

4 작은 눈금 1칸의 크기는 0.01입니다.
2.7에서 오른쪽으로 0.01씩 6칸 더 간 곳은 2.76입니다.
2.8에서 오른쪽으로 0.01씩 5칸 더 간 곳은 2.85입니다.

답 2.76, 2.85

5 6.38
┌ 일의 자리 숫자, 나타내는 수: 6
├ 소수 첫째 자리 숫자, 나타내는 수: 0.3
└ 소수 둘째 자리 숫자, 나타내는 수: 0.08

답 (위에서부터) 3, 8 / 6, 0.08

6 1이 3개 ➡ 3
0.1이 7개 ➡ 0.7
0.01이 4개 ➡ 0.04
따라서 3.74를 나타냅니다. 답 3.74

개념 2 70~71쪽

개념 확인하기

1 답 1000, 0.001

2 작은 눈금 한 칸의 크기는 0.001입니다.
7.32에서 오른쪽으로 0.001씩 6칸 더 간 곳은 7.326입니다. 답 7.326

3 소수를 읽을 때 소수점 아래의 수는 자릿값을 읽지 않고 숫자만 읽습니다. 답 영 점 사삼구

4 7.126
┌ 일의 자리 숫자
├ 소수 첫째 자리 숫자
├ 소수 둘째 자리 숫자
└ 소수 셋째 자리 숫자 답 7, 2, 6

개념 다지기

1 답 ⑴ 0.002 / 영 점 영영이 ⑵ 0.831 / 영 점 팔삼일

2 답 ⑴ 일 ⑵ 셋째, 0.003

3 ⑴ 1이 6개 ➡ 6
0.1이 2개 ➡ 0.2
0.01이 4개 ➡ 0.04
0.001이 9개 ➡ 0.009
따라서 6.249를 나타냅니다.
⑵ 1이 21개 ➡ 21
0.1이 5개 ➡ 0.5
0.001이 3개 ➡ 0.003
따라서 21.503을 나타냅니다.

답 ⑴ 6.249 ⑵ 21.503

4 12.195에서 5는 소수 셋째 자리 숫자이고 0.005를 나타냅니다. 답 0.005

5 0.354에서 5는 소수 둘째 자리 숫자이고 0.05를 나타냅니다. 답 0.05

6 답 ㉡, 구십구 점 영일삼

7 1 m=0.001 km이므로 623 m=0.623 km입니다.

답 0.623 km

개념 3 72~73쪽

개념 확인하기

1 어떤 수의 $\frac{1}{10}$은 소수점을 기준으로 수가 오른쪽으로 한 자리 이동합니다. **답** 0.3, 0.003

2 (1) 0.54에서 소수점을 기준으로 수가 왼쪽으로 한 자리 이동하면 5.4입니다.
(2) 14.6에서 소수점을 기준으로 수가 오른쪽으로 두 자리 이동하면 0.146입니다.
답 (1) 5.4에 ◯표 (2) 0.146에 ◯표

3 **답** =

4 소수 첫째 자리까지 같으므로 소수 둘째 자리 수를 비교합니다. **답** >, >

개념 다지기

1 색칠한 칸수를 비교하면 41>37이므로 0.41>0.37입니다.
답 >

2 (1) 10배, 100배는 소수점을 기준으로 수가 왼쪽으로 각각 한 자리, 두 자리 이동합니다.
(2) $\frac{1}{10}$, $\frac{1}{100}$은 소수점을 기준으로 수가 오른쪽으로 각각 한 자리, 두 자리 이동합니다.
답 (1) 0.26, 2.6 (2) 0.19, 0.019

3 0.083의 100배 ➡ 8.3
8.3의 $\frac{1}{10}$ ➡ 0.83 **답** ( ) (◯)

4 (1) 0.79=0.79̸0̸
(2) 6.423<6.426
└─3<6─┘ **답** (1) = (2) <

5 (1) 0.017은 1.7에서 소수점을 기준으로 수가 오른쪽으로 두 자리 이동했으므로 0.017은 1.7의 $\frac{1}{100}$입니다.
(2) 0.426은 4.26에서 소수점을 기준으로 수가 오른쪽으로 한 자리 이동했으므로 0.426은 4.26의 $\frac{1}{10}$입니다.
답 (1) $\frac{1}{100}$ (2) $\frac{1}{10}$

6 0.528>0.194이므로 집에서 더 가까운 곳은 놀이터입니다. **답** 놀이터

1 STEP **기본 유형의** 🔑 74~77쪽

유형 1 1 2 . 1 2 **답** 십이 점 일이
십이｜일이
점

1 0.1이 7개, 0.01이 2개 ➡ 0.72 **답** 0.72
☑ **다른 풀이** 0.01이 72개이므로 0.72입니다.

2 0.27 ➡ 영 점 이칠
0.01이 31개인 수 ➡ 0.31
$0.24=\frac{24}{100}$
답

3 65.07 53.74
└➡0.07을 나타냄. └➡0.7을 나타냄.
답 65.07

4 0.4에서 0.01씩 오른쪽으로 3칸 더 간 곳은 0.43입니다.
답 0.43

5 10이 3개 ➡ 30
$\frac{1}{10}$이 5개 ➡ $\frac{5}{10}$=0.5
$\frac{1}{100}$이 1개 ➡ $\frac{1}{100}$=0.01
30.51 **답** 30.51

6 **답** 40.08

유형 2 **답** 소수 셋째, 0.002

7 작은 눈금 한 칸의 크기는 0.001입니다.
㉠: 0.57에서 오른쪽으로 0.001씩 6칸 더 간 곳
➡ 0.576 **답** 0.576

8 8은 소수 셋째 자리 숫자이고 0.008을 나타냅니다.
답 0.008

9 $\frac{1}{1000}$=0.001이므로 0.001이 24개인 수는 0.024입니다.
답 0.024

10 0.28<u>7</u> → 7, 2.90<u>5</u> → 5, 1.03<u>8</u> → 8
➡ 8>7>5 **답** 1.038

11 0.001 작은 수는 소수 셋째 자리 수가 1 작은 수이고 0.001 큰 수는 소수 셋째 자리 수가 1 큰 수입니다.
답 0.235, 0.237

12 1이 1개 → 1

$\dfrac{1}{10}$이 6개 → $\dfrac{6}{10}=0.6$

$\dfrac{1}{1000}$이 7개 → $\dfrac{7}{1000}=0.007$

1.607

답 1.607

유형 3 0.7의 $\dfrac{1}{10}$은 소수점을 기준으로 수가 오른쪽으로 한 자리 이동하므로 0.07입니다.

0.7을 10배 하면 소수점을 기준으로 수가 왼쪽으로 한 자리 이동하므로 7입니다. **답** 0.07, 7

13 8의 $\dfrac{1}{100}$은 소수점을 기준으로 수가 오른쪽으로 두 자리 이동하므로 0.08입니다. **답** 0.08

14 소희: 4.162의 100배는 416.2입니다. **답** 소희

15 ㉠ 162.5의 $\dfrac{1}{100}$: 1.625

㉡ 1.625의 100배: 162.5

㉢ 0.1625의 10배: 1.625 **답** ㉡

16 소수점을 기준으로 수가 왼쪽으로 두 자리 이동하였으므로 100배입니다. **답** 100

17 소수점을 기준으로 수가 왼쪽으로 세 자리 이동하였으므로 1000배입니다. **답** 1000

18 8.5의 $\dfrac{1}{10}$은 소수점을 기준으로 수가 오른쪽으로 한 자리 이동합니다. → 0.85 **답** 0.85 cm

유형 4 **답** (1) < (2) >

19 **답** 예  / <

20 2.859 > 2.851
　　└9>1┘ **답** 2.859

21 (1) 소수에서 오른쪽 끝자리에 있는 0은 생략할 수 있습니다. → 0.070=0.07

(2) 14.090=14.09 **답** (1) 0.070̸ (2) 14.090̸

22 3.476 < 3.6 < 3.61 < 3.74 **답** 3.476에 △표

---

23 0.55 > 0.548이므로 초콜릿 우유가 더 많습니다.

답 초콜릿 우유

24 **답** < / 55, 70

개념의 힘

78~81쪽

개념 4

78~79쪽

개념 확인하기

1 0.5에서 오른쪽으로 3칸 더 가면 0.8입니다. **답** 0.8

2 같은 자리 수끼리 더합니다. **답** (1) 0, 7 (2) 1, 6

3 0.9만큼 색칠한 것 중에서 0.5만큼 ×표로 지우면 0.4만큼 남습니다.

→ 0.9−0.5=0.4 **답** 0.4

4 같은 자리 수끼리 뺍니다. **답** (1) 0, 3 (2) 0, 9

개념 다지기

1 수직선 0에서 오른쪽으로 0.4만큼 간 후 다시 오른쪽으로 0.3만큼 간 곳은 0.7입니다.

→ 0.4+0.3=0.7 **답** 0.3, 0.7

2 빗금으로 지운 것이 0.1이 5칸이므로 0.5, 남은 것은 0.1이 8칸이므로 0.8입니다.

→ 1.3−0.5=0.8 **답** 0.8

3 **답** (1) 2.5 (2) 0.7 (3) 6.4 (4) 0.5

4 3.6−2.7=0.9 **답** 0.9

5 0.8−0.2=0.6, 1.1−0.7=0.4
2−1.6=0.4, 1.3−0.7=0.6 **답**

6 (1) 3.4+1.8=5.2<5.3

(2) 1.4−0.8=0.6>0.5 **답** (1) < (2) >

7 (운동화의 무게)+(빈 상자의 무게)=0.6+0.2
=0.8 (kg)

답 0.6+0.2=0.8, 0.8 kg

개념 5

80~81쪽

개념 확인하기

1 0.1이 4개, 0.01이 2개이면 0.42입니다. **답** 0.42

2 소수점끼리 맞추어 세로로 쓰여 있으므로 같은 자리 수끼리 더합니다. **답** (1) 3, 5, 4 (2) 7, 4, 1

3 모눈 63칸을 색칠한 것 중에서 12칸을 ×표로 지우면 51칸이 남습니다.

→ 0.01이 51개이면 0.51이므로 0.63−0.12=0.51입니다. **답** 0.51

4 **답** (1) 0, 1, 8 (2) 5, 5, 5

개념 다지기

1 **답** 0.85

2 소수점끼리 맞추어 세로로 쓰여 있으므로 같은 자리 수끼리 더하거나 뺍니다.
답 (1) 6.32 (2) 2.55 (3) 2.25 (4) 1.26

3 (1) 0.52+1.26=1.78
(2) 2.14−0.23=1.91 **답** (1) 1.78 (2) 1.91

4 3.91+1.28=5.19
1.43−1.28=0.15 **답** (위에서부터) 5.19, 0.15

5 소수점끼리 맞추어 세로로 쓰여 있으므로 같은 자리 수끼리 더합니다.
```
  2.53
+ 1.3
  3.83
```
답 ( )(○)

6 (남은 끈의 길이)
=(처음 끈의 길이)−(사용한 끈의 길이)
=3.95−2.73=1.22 (m)
답 3.95−2.73=1.22, 1.22 m

1 기본 유형의 힘 82~85쪽

유형5 **답** 1.3

1 **답** (1) 0.6 (2) 1.1 (3) 0.8 (4) 1.2

2
```
   1
   0.7
 + 0.8
   1.5
```
답 1.5

3
```
  1        1
  0.3      0.8
+ 0.9    + 0.8
  1.2      1.6
```
답 (×자 연결)

4
```
  0.8      0.1      0.9
+ 0.9    + 0.5    + 0.5
  1.7      0.6      1.4
```
답 (위에서부터) 1.7, 0.6, 1.4

5 5.2+0.9=6.1 **답** 6.1

6 (어제 걸은 거리)+(오늘 걸은 거리)
=0.4+0.7=1.1 (km)
답 0.4+0.7=1.1, 1.1 km

유형6 **답** 0.3

7 **답** (1) 0.3 (2) 0.7 (3) 0.3

8
```
(1)  0 10      (2)  3 10
     1.5            4.7
   − 0.7          − 1.9
     0.8            2.8
```
답 (1) 0.8 (2) 2.8

9
```
   0.6
 − 0.3
   0.3
```

10 1.7−1.3=0.4>0.3 **답** >

11 2>1.5>1.2
→ 2−1.2=0.8 **답** 0.8

12 (남은 찰흙의 무게)
=(처음 찰흙의 무게)−(사용한 찰흙의 무게)
=2.5−1.8=0.7 (kg) **답** 2.5−1.8=0.7, 0.7 kg

유형7 **답** 1.48

13 **답** 23, 145, 168, 1.68

14 **답** (1) 0.77 (2) 7.12 (3) 0.51

15
```
    1
    3.74
 +  4.61
    8.35
```
답 8.35

16
```
    1 1
    0.47
 +  0.54
    1.01
```
답 1.01

17 **답** 0.43 / 소수점
```
 + 0.6
   1.03
```

18
```
    1
    5.36
 +  1.57
    6.93
```
답 6.93

19 (분홍색 철사의 길이)+(연두색 철사의 길이)
=0.15+0.97=1.12 (m)
답 0.15+0.97=1.12, 1.12 m

유형 8 **답** 3.25

20 **답** (1) 0.21 (2) 3.91 (3) 3.61

21
$$\begin{array}{r} 0.51 \\ -\ 0.21 \\ \hline 0.3 \end{array}$$
답 0.3

22
$$\begin{array}{r} \overset{2}{\cancel{3}}\overset{10}{.1} \\ 2.31 \\ -\ 1.25 \\ \hline 1.06 \end{array}$$
답 1.06

23
$$\begin{array}{r} \overset{8}{\cancel{9}}.\overset{11}{\cancel{2}}\overset{10}{4} \\ -\ 5.45 \\ \hline 3.79 \end{array}$$
답 3.79

24 0.53−0.22=0.31
1.74−1.19=0.55
3.37−2.91=0.46
답

25 (남은 두유의 양)
=(처음에 있던 두유의 양)−(마신 두유의 양)
=1.55−1.37=0.18 (L)
답 1.55−1.37=0.18, 0.18 L

2 STEP 응용 유형의 힘 86~89쪽

1 0.6+0.8=1.4, 0.7+0.6=1.3
➔ 1.4>1.3
답 >

2 1−0.2=0.8, 1.8−0.9=0.9
➔ 0.8<0.9
답 <

3 0.46+0.28=0.74, 0.91−0.25=0.66
➔ 0.74>0.66
답 >

4
$$\begin{array}{r} \overset{7}{\cancel{8}}.\overset{14}{\cancel{5}}\overset{10}{2} \\ -\ 4.84 \\ \hline 3.68 \end{array} \quad \begin{array}{r} \overset{1}{\ }2.63 \\ +\ 1.76 \\ \hline 4.39 \end{array} \quad \begin{array}{r} \overset{5}{\cancel{6}}.\overset{10}{2}8 \\ -\ 1.74 \\ \hline 4.54 \end{array}$$
답 3, 2, 1

5 23 cm=0.23 m
➔ 0.16 m+0.23 m=0.39 m
답 0.39

6 38 cm=0.38 m
➔ 0.52 m−0.38 m=0.14 m
답 0.14

7 2500 m=2.5 km
➔ 4.6 km+2.5 km=7.1 km
답 7.1 km

8 540 m=0.54 km
➔ 7.33 km−0.54 km=6.79 km
답 6.79 km

9 ㉠이 나타내는 수: 2
㉡이 나타내는 수: 0.02
➔ ㉠ 2는 ㉡ 0.02보다 소수점을 기준으로 수가 왼쪽으로 두 자리 이동하였으므로 100배입니다.
답 100배

10 ㉠이 나타내는 수: 5
㉡이 나타내는 수: 0.005
➔ ㉠ 5는 ㉡ 0.005보다 소수점을 기준으로 수가 왼쪽으로 세 자리 이동하였으므로 1000배입니다.
답 1000배

11 ㉠이 나타내는 수: 60
㉡이 나타내는 수: 0.06
➔ ㉡ 0.06은 ㉠ 60보다 소수점을 기준으로 수가 오른쪽으로 세 자리 이동하였으므로 $\frac{1}{1000}$입니다.
답 $\frac{1}{1000}$

12 (남은 주스의 양)
=(전체 주스의 양)−(마신 주스의 양)
=2.5−0.45=2.05 (L)
답 2.5−0.45=2.05, 2.05 L

13 (민진이가 던진 거리)−(라희가 던진 거리)
=4.2−2.98=1.22 (m)
답 4.2−2.98=1.22, 1.22 m

14 (바구니에 들어 있는 고구마의 무게)
=(전체 무게)−(빈 바구니의 무게)
=3.23−0.8=2.43 (kg)
답 3.23−0.8=2.43, 2.43 kg

15 0.46+0.92=1.38이므로 1.38>1.□9입니다.
따라서 □ 안에 들어갈 수 있는 숫자는 0, 1, 2입니다.
답 0, 1, 2

16 3.97+4.81=8.78이므로 8.78<8.□4입니다.
따라서 □ 안에 들어갈 수 있는 숫자는 8, 9로 모두 2개입니다.
답 2개

17 0.77−0.29=0.48이므로 0.48>0.□5입니다.
따라서 □ 안에 들어갈 수 있는 숫자는 0, 1, 2, 3, 4입니다.
답 0, 1, 2, 3, 4

18

$$\begin{array}{r} \text{㉠}.66 \\ +\ 1.\text{㉡}3 \\ \hline 9.0\text{㉢} \end{array}$$

- $6+3=\text{㉢} \Rightarrow \text{㉢}=9$
- $6+\text{㉡}=10 \Rightarrow \text{㉡}=4$
- $1+\text{㉠}+1=9 \Rightarrow \text{㉠}=7$

답 (위에서부터) 7, 4, 9

19

$$\begin{array}{r} 4.7\text{㉠} \\ +\ \text{㉡}.87 \\ \hline 8.\text{㉢}0 \end{array}$$

- $\text{㉠}+7=10 \Rightarrow \text{㉠}=3$
- $1+7+8=10+\text{㉢} \Rightarrow \text{㉢}=6$
- $1+4+\text{㉡}=8 \Rightarrow \text{㉡}=3$

답 (위에서부터) 3, 3, 6

20

$$\begin{array}{r} 8.\text{㉠}9 \\ -\ 2.8\text{㉡} \\ \hline \text{㉢}.46 \end{array}$$

- $9-\text{㉡}=6 \Rightarrow \text{㉡}=3$
- $10+\text{㉠}-8=4 \Rightarrow \text{㉠}=2$
- $8-1-2=\text{㉢} \Rightarrow \text{㉢}=5$

답 (위에서부터) 2, 3, 5

21 5보다 크고 6보다 작으므로 자연수 부분은 5입니다.
소수 셋째 자리 숫자: $0+2=2$
$\Rightarrow 5.092$

답 5.092

22 7보다 크고 8보다 작으므로 자연수 부분은 7입니다.
소수 셋째 자리 숫자: $4\times2=8$
$\Rightarrow 7.458$

답 7.458

23 어떤 수를 □라고 하면
$\square+0.32=0.74$, $\square=0.74-0.32=0.42$
바르게 계산하면 $0.42-0.32=0.1$입니다. 답 0.1

24 어떤 수를 □라고 하면
$\square-0.25=0.63$, $\square=0.63+0.25=0.88$
바르게 계산하면 $0.88+0.25=1.13$입니다. 답 1.13

25 어떤 수를 □라고 하면
$\square+2.78=9.3$, $\square=9.3-2.78=6.52$
바르게 계산하면 $6.52-2.78=3.74$입니다. 답 3.74

3 STEP **서술형의 힘** 90~91쪽

1-1 (2) 0.1이 4개 $\Rightarrow 0.4$
0.01이 15개 $\Rightarrow 0.15$
0.001이 8개 $\Rightarrow 0.008$
$\overline{0.558}$

답 (1) 0.4, 0.15, 0.008 (2) 0.558 (3) 영 점 오오팔

1-2 모범 답안 ❶ ┌ 0.1이 6개이면 0.6
├ 0.01이 23개이면 0.23
└ 0.001이 7개이면 0.007

❷ 따라서 설명하는 수를 소수로 쓰면 0.837이고 이
수는 영 점 팔삼칠이라고 읽습니다.

답 0.837, 영 점 팔삼칠

채점 기준		
❶ 각각의 설명이 나타내는 수를 구함.	3점	5점
❷ 설명하는 수를 소수로 쓰고 읽음.	2점	

2-1 (1) $0.96>0.84>0.73$
(3) $0.96-0.73=0.23$ (kg)

답 (1) 0.96 kg (2) 0.73 kg (3) 0.23 kg

2-2 모범 답안 ❶ $0.79>0.56>0.48$이므로
(가장 무거운 것의 무게)$=0.79$ kg
❷ (가장 가벼운 것의 무게)$=0.48$ kg
❸ (무게의 차)$=0.79-0.48=0.31$ (kg)

답 0.31 kg

채점 기준		
❶ 가장 무거운 상자의 무게를 구함.	1점	
❷ 가장 가벼운 상자의 무게를 구함.	1점	5점
❸ 두 무게의 차를 구함.	3점	

3-1 (1) $2.42+2.35=4.77$ (m)
(3) (겹쳐진 부분의 길이)
$=$(색 테이프 2장의 길이의 합)
$-$(이어 붙인 전체 길이)
$=4.77-3.68=1.09$ (m)

답 (1) 4.77 m (2) 3.68 m (3) 1.09 m

3-2 모범 답안 ❶ (색 테이프 2장의 길이의 합)
$=5.57+3.06=8.63$ (m)
❷ (이어 붙인 전체 길이)$=6.39$ m
❸ (겹쳐진 부분의 길이)$=8.63-6.39=2.24$ (m)

답 2.24 m

채점 기준		
❶ 색 테이프 2장의 길이의 합을 구함.	2점	
❷ 이어 붙인 전체 길이를 구함.	1점	5점
❸ 겹쳐진 부분의 길이를 구함.	2점	

4-1 (1) 자연수 부분부터 큰 숫자를 놓으면 가장 큰 수는
5.21입니다.
(2) 자연수 부분부터 작은 숫자를 놓으면 가장 작은 수
는 1.25입니다.
(3) $5.21+1.25=6.46$

답 (1) 5.21 (2) 1.25 (3) 6.46

4-2 모범 답안 ❶ 자연수 부분부터 큰 숫자를 놓으면 가장 큰 수는 7.43입니다.

❷ 자연수 부분부터 작은 숫자를 놓으면 가장 작은 수는 3.47입니다.

❸ 따라서 가장 큰 수와 가장 작은 수의 차는 7.43－3.47＝3.96입니다.　답 3.96

채점 기준		
❶ 가장 큰 소수 두 자리 수를 만듦.	1점	
❷ 가장 작은 소수 두 자리 수를 만듦.	1점	5점
❸ 두 소수의 차를 구함.	3점	

 단원평가　92~94쪽

1 모눈 한 칸의 크기는 $\frac{1}{100}$＝0.01입니다.

색칠한 부분은 모눈 36칸이므로 $\frac{36}{100}$＝0.36입니다.　답 0.36

2 답 육 점 구영일

3 답 첫째, 0.4

4 답 (1) 1.06 (2) 7.26

5 0.6－0.5는 0.1이 6－5＝1(개)입니다.

➡ 0.1이 1개이면 0.1이므로 0.6－0.5＝0.1입니다.

답 5, 1 / 0.1

6 ㉡ 30.30에서 오른쪽 끝자리에 있는 0을 생략할 수 있습니다.　답 ㉡

7 0.216의 10배는 소수점을 기준으로 수가 왼쪽으로 한 자리 이동합니다. ➡ 2.16

0.216의 100배는 소수점을 기준으로 수가 왼쪽으로 두 자리 이동합니다. ➡ 21.6　답 2.16, 21.6

8 3.55＋1.62＝5.17　답 5.17

9 0.725＞0.708　답 ＞
　└ 2＞0 ┘

10 0.55＋0.84＝1.39　답 1.39

11 ㉠ 2.27 → 0.07
　　　└ 소수 둘째 자리 숫자
　㉡ 3.701 → 0.7
　　　└ 소수 첫째 자리 숫자
　➡ 7이 나타내는 수가 더 큰 수는 ㉡입니다.

답 ㉡

12 (감자의 무게)＋(당근의 무게)＝0.5＋0.4＝0.9 (kg)

답 0.5＋0.4＝0.9, 0.9 kg

13 □－7.63＝5.98 ➡ □＝5.98＋7.63, □＝13.61

답 13.61

14 (걸어간 거리)
　＝(집에서 학교까지의 거리)－(마을버스를 타고 간 거리)
　＝3.24－2.83＝0.41 (km)

답 3.24－2.83＝0.41, 0.41 km

15 8.4＞7.91＞4.12
　➡ 8.4＋4.12－7.91＝12.52－7.91＝4.61　답 4.61

16 ㉠: 소수 첫째 자리 숫자이므로 0.1을 나타냅니다.
　㉡: 소수 셋째 자리 숫자이므로 0.001을 나타냅니다.
　➡ 0.001은 0.1의 $\frac{1}{100}$입니다.　답 $\frac{1}{100}$

17 일의 자리, 소수 첫째 자리 수가 각각 같고 소수 셋째 자리 수를 비교하면 6＞2입니다.
　따라서 □ 안에 들어갈 수 있는 숫자는 5보다 작은 숫자로 0, 1, 2, 3, 4의 5개입니다.　답 5개

18 1.3은 0.013의 100배입니다.
　20은 0.02의 1000배입니다.
　15.69는 1.569의 10배입니다.
　➡ 100＋1000＋10＝1110　답 1110

19 모범 답안 ❶ 1000 mL＝1 L이므로
250 mL＝0.25 L입니다.

❷ 0.37＞0.25이므로 다원이가 물을
0.37－0.25＝0.12 (L) 더 많이 마셨습니다.

답 다원, 0.12 L

채점 기준		
❶ 단위를 맞춤.	2점	
❷ 누가 물을 몇 L 더 많이 마셨는지 구함.	3점	5점

20 모범 답안 ❶ 소수 두 자리 수 중에서 3보다 크고 4보다 작은 수는 3.□□입니다.

소수 첫째 자리 숫자가 6이므로 3.6□이고, 소수 둘째 자리 숫자가 2이므로 3.62입니다.

❷ 따라서 조건을 모두 만족하는 수는 3.62입니다.

답 3.62

채점 기준		
❶ 각 자리의 수를 구함.	4점	
❷ 조건을 만족하는 수를 구함.	1점	5점

3단원 소수의 덧셈과 뺄셈

4 사각형

개념의 힘 98~101쪽

개념 1 98~99쪽

개념 확인하기

1 삼각자의 직각인 부분을 대어 보고 직각을 이루는 곳을 찾습니다.

답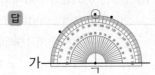

2 직선 가와 직선 나가 만나서 이루는 각은 직각입니다. 직선 가와 직선 나는 서로 수직으로 만나므로 직선 나는 직선 가에 대한 수선입니다.

답 나, 수선

3 삼각자의 직각을 낀 변 중 한 변을 직선 가에 맞추고 직각을 낀 다른 한 변을 따라 선을 그은 것을 찾습니다.

답 ( )(○)

4 각도기에서 90°가 되는 눈금의 점과 점 ㄱ을 이어야 합니다.

답

개념 다지기

1 두 직선이 서로 수직으로 만나면 한 직선을 다른 직선에 대한 수선이라고 합니다. 답 수선

2 답 ( )(△)

3 모눈종이의 세로선과 가로선을 따라 각각 선을 긋습니다.

답 예
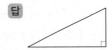

4 (1) 직선 가와 직각으로 만나는 직선은 직선 라입니다.
  (2) 직선 다와 수직으로 만나는 직선은 직선 나입니다.

답 (1) 직선 라 (2) 직선 나

5 답 가, 다

6
답 예

개념 2 100~101쪽

개념 확인하기

1 다 → 두 직선에 공통인 수선을 그을 수 있으므로 다는 평행선입니다.

답 다

2 답 ×

3 답 ㉢

4 직선 가에서 직선 나에 그은 수선은 ㉢이므로 평행선 사이의 거리를 나타내는 선분은 ㉢입니다. 답 ㉢

개념 다지기

1 답 (1) 나, 라 (2) 평행 (3) 평행선

2 (2) (1)에서 그은 선분의 길이를 자로 재어 보면 1 cm 입니다.

답 (1) 예 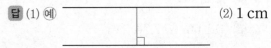 (2) 1 cm

3 변 ㄱㄹ과 변 ㄴㄷ은 각각 변 ㄱㄴ에 수직이므로 서로 만나지 않습니다.
  → 변 ㄱㄹ과 변 ㄴㄷ은 평행합니다.

답 변 ㄱㄹ, 변 ㄴㄷ

4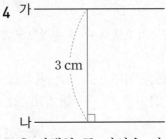
평행선의 한 직선에서 다른 직선에 수선을 긋고, 그은 선분의 길이를 재어 보면 3 cm입니다.

답 3 cm

5 ㉡ 평행한 두 직선은 서로 만나지 않으므로 두 직선이 이루는 각은 직각이 아닙니다. 답 ㉠

6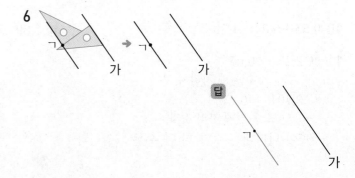
답

1 기본 유형의 힘 102~105쪽

유형 **1** 답 다 / 가

1 각도기에서 90°가 되는 눈금 위에 점을 찍어야 하므로 점 ㄱ과 점 ㄹ을 직선으로 이어야 합니다. 답 점 ㄹ

2 답
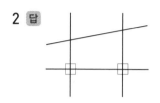

3 직선 가와 만나서 이루는 각이 직각인 직선은 직선 나와 직선 라이므로 모두 2개입니다. 답 2개

4 직선 나와 수직으로 만나는 직선을 찾습니다.
➡ 직선 가 답 직선 가

5 직선 라와 수직으로 만나는 직선을 찾습니다.
➡ 직선 가 답 직선 가

6 삼각자에서 직각을 낀 변 중 한 변을 직선 가에 맞추고 직각을 낀 다른 한 변을 따라 직선 나를 긋습니다. 답 ㉢

7 사진에 있는 직선 중 서로 수직으로 만나는 두 직선을 찾습니다. 답 예

8 답 변 ㄴㄷ, 변 ㅁㄹ

9  답 예

10 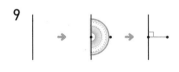 답 예

유형 **2** ㉠ 두 직선은 서로 수직입니다.
㉡ 두 직선을 길게 늘이면 서로 만납니다. 답 ㉡

11 ㉡ 점 ㄱ을 지나고 직선 가와 수직으로 만납니다. 답 ㉠

12 아무리 늘여도 서로 만나지 않는 두 직선을 찾습니다.
➡ 직선 가와 직선 나, 직선 라와 직선 마
답 가, 나 / 라, 마

13 변 ㄱㄴ과 만나지 않는 변은 변 ㄹㄷ이고, 변 ㄴㄷ과 만나지 않는 변은 변 ㄱㄹ입니다. 답 ㄹㄷ / ㄱㄹ

14 가로선끼리 평행하고 세로선끼리 평행합니다.
답 예
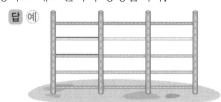

15 답 예

16 한 점을 지나고 한 직선과 평행한 직선은 1개 그을 수 있습니다. 답 1개
✔주의 한 직선과 평행한 직선은 여러 개 그을 수 있지만 한 점을 지나고 한 직선과 평행한 직선은 1개만 그을 수 있습니다.

17 변 ㄱㄴ과 평행한 변: 변 ㅂㅁ, 변 ㄹㄷ ➡ 2개 답 2개

18 주어진 두 선분과 각각 평행한 나머지 두 선분을 그려 봅니다. 답

유형 **3** 평행선의 한 직선에서 다른 직선에 그은 수선의 길이를 평행선 사이의 거리라고 합니다.
답 평행선 사이의 거리

19 평행선 사이의 거리는 평행선 사이의 수선의 길이이므로 5 cm입니다. 답 5 cm

20 선분 ㄷㄹ은 평행선 사이의 거리이므로 선분 ㄷㄹ과 두 직선 가, 나가 만나서 이루는 각은 90°입니다. 답 90°

21 평행선의 한 직선에서 다른 직선에 수선을 긋고, 그은 선분의 길이를 자로 잽니다.
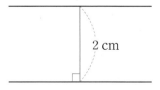
2 cm
답 2 cm

22

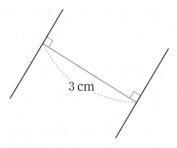

3 cm

답 3 cm

23 변 ㄱㄹ, 변 ㄴㄷ과 각각 수직인 변 ㄱㄴ의 길이가 평행선 사이의 거리입니다. ➡ 4 cm   답 4 cm

---

개념의 힘   106~113쪽

개념 3   106~107쪽

개념 확인하기

1 아무리 늘여도 서로 만나지 않는 변을 찾아 선을 긋습니다.

답

2 답 1쌍

3 평행한 변이 한 쌍이라도 있는 사각형을 사다리꼴이라고 합니다.   답 사다리꼴

4 답 없습니다에 ◯표

5 답 변 ㅂㅅ에 ◯표

6 답 나에 ◯표

개념 다지기

1 답 나, 다

2 사다리꼴은 평행한 변이 한 쌍이라도 있는 사각형입니다. ➡ 나, 다   답 나, 다

3 점 ㄱ을 옮겼을 때 마주 보는 변이 서로 평행하게 되는 경우를 알아봅니다.   답 ②

4 마주 보는 한 쌍의 변이 서로 평행하게 되도록 사각형을 그립니다.

답 예

5 ㉠ 사각형에서 평행한 변의 수와 관계없이 평행한 변이 있기만 하면 사다리꼴입니다.   답 ㉡

---

6 종이띠의 위와 아래의 변이 평행하므로 잘라 낸 도형들은 모두 사다리꼴입니다.   답 가, 나, 다

7 마주 보는 한 쌍의 변이 서로 평행한 사각형을 2개 그립니다.

답 예
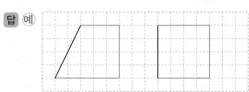

개념 4   108~109쪽

개념 확인하기

1 답 다, 나

2 마주 보는 두 쌍의 변이 서로 평행한 사각형을 평행사변형이라고 합니다.   답 평행사변형

3 답 같고, 같습니다에 ◯표

4 평행사변형에서 서로 평행한 변은 모두 2쌍입니다.   답 2쌍

개념 다지기

1 (2) 평행사변형은 마주 보는 두 쌍의 변이 서로 평행합니다.   답 (1) ▱   (2) 2쌍

2 오른쪽은 마주 보는 두 쌍의 변이 서로 평행하지 않습니다.   답 ( )(△)

3 마주 보는 두 쌍의 변이 서로 평행한 사각형을 모두 찾습니다. ➡ 다, 라   답 다, 라

4 마주 보는 두 변의 길이가 같습니다. ➡ □=3   답 3

5 마주 보는 두 각의 크기가 같습니다. ➡ □=60   답 60

6 답 180

7 ㉠과 ㉡은 이웃한 두 각입니다. 평행사변형에서 이웃한 두 각의 크기의 합은 180°이므로 ㉠과 ㉡의 크기의 합은 180°입니다.   답 180°

개념 5   110~111쪽

개념 확인하기

1 답 2, 2, 2, 2

2 사각형의 네 변의 길이는 각각 2 cm이므로 모두 같습니다. **답** 같습니다.

3 네 변의 길이가 모두 같은 사각형을 마름모라고 합니다. **답** 마름모

4 네 변의 길이가 모두 같지 않습니다. **답** ×

5 네 변의 길이가 모두 같습니다. **답** ○

6 마름모는 이웃한 두 각의 크기의 합이 180°입니다. **답** 180

개념 다지기

1 네 변의 길이가 모두 같은 사각형을 찾습니다. ➡ 다 **답** 다

2 마름모는 네 변의 길이가 모두 같습니다. **답** 5, 5

3 마름모는 마주 보는 두 각의 크기가 같습니다. **답** 130

4 주어진 두 변의 길이와 같게 나머지 두 변을 그려 마름모를 완성합니다.
답
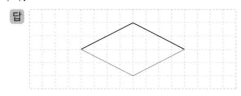

5 ㉠ 마름모는 네 각의 크기가 모두 같지 않을 수도 있습니다. **답** ㉠

6 점 ㄴ을 점 ㅁ으로 옮기거나 점 ㄹ을 점 ㅂ으로 옮기면 마름모가 됩니다.
 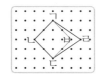
답 예

7 마름모는 네 변의 길이가 모두 같습니다.
(네 변의 길이의 합)=9×4=36 (cm) **답** 36 cm

개념 6 112~113쪽

개념 확인하기

1 네 변의 길이가 3 cm로 모두 같습니다. **답** ○

2 정사각형은 네 각이 모두 직각입니다. **답** ○

3 서로 만나지 않는 변을 찾습니다. **답** ㄴㄷ / ㄹㄷ

4 **답** 있습니다에 ◯표, 평행사변형에 ◯표

개념 다지기

1 네 각이 모두 직각인 사각형을 찾습니다.
➡ 나, 다, 바 **답** 나, 다, 바

2 네 변의 길이가 모두 같고 네 각이 모두 직각인 사각형을 찾습니다. ➡ 다, 바 **답** 다, 바

3 네 변의 길이가 모두 같은 사각형을 찾습니다.
➡ 다, 바 **답** 다, 바

4 직사각형은 마주 보는 두 쌍의 변이 서로 평행하므로 평행사변형입니다. **답** 평행사변형

5 ㉠ 네 변의 길이가 모두 같지 않으므로 정사각형이 아닙니다.
㉡ 평행한 변이 한 쌍이라도 있으므로 사다리꼴입니다. **답** ㉡

6 평행한 변이 한 쌍이라도 있으므로 사다리꼴입니다.
네 각이 모두 직각이므로 직사각형입니다.
네 변의 길이가 모두 같지 않으므로 마름모가 아닙니다.
답 ( )(△)( )

7 **답** 예 네 변의 길이가 모두 같으므로

1 STEP 기본 유형의 힘 114~117쪽

유형 4 평행한 변이 한 쌍이라도 있는 사각형을 찾습니다.
답 ( )( )(○)

1 아무리 늘여도 서로 만나지 않는 두 변은 변 ㄱㄹ과 변 ㄴㄷ입니다. **답** 변 ㄱㄹ, 변 ㄴㄷ

2 라는 평행한 변이 한 쌍도 없으므로 사다리꼴이 아닙니다. **답** 라

3 ㉡ 평행한 변이 한 쌍이라도 있으면 사다리꼴입니다. **답** ㉡

4 주어진 도형은 서로 평행한 변이 두 쌍 있습니다.
답 모범 답안 평행한 변이 한 쌍이라도 있으면 사다리꼴이기 때문입니다.

평가 기준
도형이 사다리꼴인 이유를 바르게 썼으면 정답입니다.

5 답 예

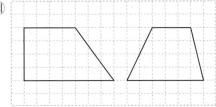

유형 **5** 마주 보는 두 쌍의 변이 서로 평행한 사각형을 찾습니다. ➡ 가
답 가

6 평행사변형은 마주 보는 두 변의 길이가 같습니다.
답 5

7 주어진 두 변과 각각 평행한 변을 그어 평행사변형을 완성합니다. 답

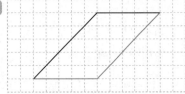

8 평행사변형은 마주 보는 두 각의 크기가 같습니다.
➡ (각 ㄴㄷㄹ)=(각 ㄴㄱㄹ)=130° 답 130°

9 평행사변형은 마주 보는 두 각의 크기가 같습니다.
➡ (각 ㄱㄹㄷ)=(각 ㄱㄴㄷ)=50° 답 50°

10 마주 보는 두 쌍의 변이 서로 평행한 사각형이 되도록 자르려면 ㉢을 따라 잘라야 합니다. 답 ㉢

11 답 아니요, 모범 답안 평행사변형은 마주 보는 두 쌍의 변이 서로 평행해야 하는데 한 쌍의 변만 평행합니다.

평가 기준
평행사변형이 아님을 알고 이유를 바르게 썼으면 정답입니다.

유형 **6** 네 변의 길이가 모두 같은 사각형을 마름모라고 합니다. 답 마름모

12 마름모는 네 변의 길이가 모두 같습니다. 답 6, 6

13 마름모는 마주 보는 꼭짓점끼리 이은 선분이 서로 수직으로 만나고 나누어진 두 선분은 길이가 각각 같습니다. 답 (위에서부터) 8, 6, 90

14 변 ㄴㄷ과 평행한 변은 변 ㄱㄹ입니다. 답 (○)
(×)

15 마름모는 이웃한 두 각의 크기의 합이 180°이므로
55°+㉠=180° ➡ ㉠=180°-55°, ㉠=125°입니다.
답 125°

16 마름모는 네 변의 길이가 모두 같으므로 한 변을
20÷4=5 (cm)로 해야 합니다. 답 5 cm

유형 **7** 네 각이 모두 직각이므로 ㉡ 직사각형입니다. 답 ㉡

17 마주 보는 두 쌍의 변이 서로 평행하므로 사다리꼴이 될 수 있습니다. 답 사다리꼴에 ◯표

18 나는 네 변의 길이가 모두 같고 네 각이 모두 직각이므로 직사각형도 되고 정사각형도 됩니다. 답 나
✓주의 직사각형은 정사각형이라고 할 수 없지만 정사각형은 직사각형이라고 할 수 있습니다.

19 평행한 변이 한 쌍이라도 있는 사각형
➡ 가, 나, 다, 라, 마 답 가, 나, 다, 라, 마

20 마주 보는 두 쌍의 변이 서로 평행한 사각형 ➡ 가, 다
답 가, 다

21 네 각이 모두 직각인 사각형 ➡ 가 답 가

22 만들 수 있는 사각형은 네 변의 길이가 모두 같은 사각형입니다.

☐ ➡ ㉠ 직사각형, ㉡ 마름모, ㉢ 사다리꼴

답 ㉠, ㉡, ㉢

✓참고 정사각형은 사다리꼴, 평행사변형, 마름모, 직사각형이 될 수 있습니다.

2 응용 유형의 힘 118~121쪽

1 만나서 이루는 각이 직각인 변이 있는 도형을 모두 찾습니다.
➡ 가, 다
답 가, 다

2 만나서 이루는 각이 직각인 변이 있는 도형 ➡ 나, 다
답 나, 다

3 아무리 늘여도 서로 만나지 않는 두 변이 있는 도형
➡ 가, 나 답 가, 나

4 답

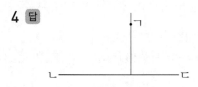

5 답

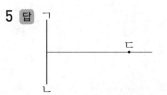

6 꼭짓점 ㄴ을 지나고 변 ㄱㄹ과 수직으로 만나는 선을 그어 봅니다.

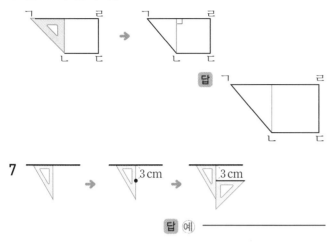

답 [그림]

7

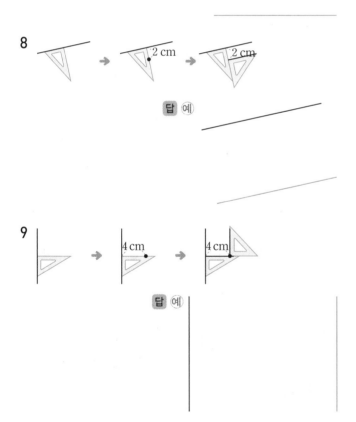

답 예 ─────

8

답 예

9

답 예

10 네 변의 길이가 모두 같지는 않지만 마주 보는 두 쌍의 변이 서로 평행합니다.
→ 평행사변형, 사다리꼴

답 평행사변형, 사다리꼴에 ◯표

11 네 변의 길이가 모두 같고 네 각이 모두 직각입니다.
→ 직사각형, 정사각형, 마름모

답 직사각형, 정사각형, 마름모에 ◯표

12 네 변의 길이가 모두 같지는 않지만 마주 보는 두 쌍의 변이 서로 평행하고 네 각이 모두 직각입니다.
→ 직사각형, 사다리꼴

답 직사각형, 사다리꼴에 ◯표

13 변 ㄱㅂ과 변 ㄴㄷ 사이의 거리는 변 ㅂㅁ과 변 ㄹㄷ의 길이의 합입니다.
→ $2+3=5$ (cm)　　　　**답** 5 cm

14 변 ㄱㄴ과 변 ㄹㄷ 사이의 거리는 변 ㄱㅂ과 변 ㅁㄹ의 길이의 합입니다.
→ $5+3=8$ (cm)　　　　**답** 8 cm

15 변 ㄷㄹ과 변 ㅂㅁ 사이의 거리는 변 ㄷㄴ과 변 ㄱㅂ의 길이의 합입니다.
→ $5+3=8$ (cm)　　　　**답** 8 cm

16 직사각형은 마주 보는 변의 길이가 같습니다.
(이웃한 두 변의 길이의 합)=$54÷2=27$ (cm)
변 ㄱㄴ의 길이를 □ cm라 하면 $10+□=27$, □=17입니다.　　　　**답** 17 cm

17 직사각형은 마주 보는 변의 길이가 같습니다.
(이웃한 두 변의 길이의 합)=$48÷2=24$ (cm)
변 ㄹㄷ의 길이를 □ cm라 하면 $13+□=24$, □=11입니다.　　　　**답** 11 cm

18 평행사변형은 마주 보는 두 변의 길이가 같습니다.
(이웃한 두 변의 길이의 합)=$80÷2=40$ (cm)
변 ㄱㄹ의 길이를 □ cm라 하면 $□+25=40$, □=15입니다.　　　　**답** 15 cm

19 마름모는 네 변의 길이가 모두 같으므로
(변 ㄱㄴ)=(변 ㄱㄹ)입니다.
(변 ㄱㄴ)+(변 ㄱㄹ)+12=26
(변 ㄱㄴ)+(변 ㄱㄹ)=$26-12=14$ (cm)
(변 ㄱㄴ)=(변 ㄱㄹ)=$14÷2=7$ (cm)
→ (마름모 ㄱㄴㄷㄹ의 네 변의 길이의 합)
　=$7×4=28$ (cm)　　　　**답** 28 cm

20 마름모는 네 변의 길이가 모두 같으므로
(변 ㄱㄹ)=(변 ㄹㄷ)입니다.
(변 ㄱㄹ)+(변 ㄹㄷ)+10=28,
(변 ㄱㄹ)+(변 ㄹㄷ)=$28-10=18$ (cm)
(변 ㄱㄹ)=(변 ㄹㄷ)=$18÷2=9$ (cm)
→ (마름모 ㄱㄴㄷㄹ의 네 변의 길이의 합)
　=$9×4=36$ (cm)　　　　**답** 36 cm

4 단원

사각형

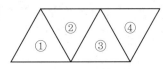
21

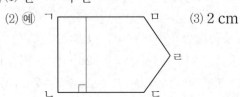

· 삼각형 2개짜리:
①+②, ②+③,
③+④ → 3개

· 삼각형 3개짜리: ①+②+③, ②+③+④ → 2개

· 삼각형 4개짜리: ①+②+③+④ → 1개

→ 3+2+1=6(개)　　　답 6개

22

· 삼각형 2개짜리: ①+②,
②+③, ③+④, ④+⑤,
⑤+⑥ → 5개

· 삼각형 4개짜리: ①+②+③+④, ②+③+④+⑤,
③+④+⑤+⑥ → 3개

· 삼각형 6개짜리: ①+②+③+④+⑤+⑥ → 1개

→ 5+3+1=9(개)　　　답 9개

3 서술형의 힘　　　122~123쪽

1-1(1) 마주 보는 두 쌍의 변이 서로 평행한 사각형입니다. → 평행사변형

답 (1) 예 (2) 모범 답안 마주 보는 두 쌍의 변이 서로 평행한 사각형이기 때문입니다.

1-2 답 ❶ 예

모범 답안 ❷ 네 변의 길이가 모두 같은 사각형이기 때문입니다.

채점 기준		
❶ 예, 아니요로 바르게 답함.	2점	5점
❷ 답한 이유를 바르게 설명함.	3점	

2-1(2) 변 ㄱㅁ과 변 ㄴㄷ 사이에 수선을 긋습니다.

답 (1) 변 ㄱㅁ과 변 ㄴㄷ

(2) 예 (3) 2 cm

2-2 모범 답안 ❶ 도형에서 평행한 두 변: 변 ㄴㄷ과 변 ㅂㅁ 평행한 두 변 사이에 수선을 긋고 그은 선분의 길이를 재어 봅니다.

❷ → (평행선 사이의 거리)=4 cm　　답 4 cm

채점 기준		
❶ 도형에서 평행한 두 변을 바르게 찾음.	2점	5점
❷ 평행선 사이의 거리를 바르게 잼.	3점	

3-1(2) 120°+ⓛ=180° → ⓛ=180°−120°=60°

(3) 직선이 이루는 각의 크기는 180°입니다.

㉠+60°=180° → ㉠=180°−60°=120°

답 (1) 180° (2) 60° (3) 120°

3-2 모범 답안

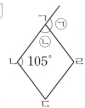

❶ 마름모에서 이웃한 두 각의 크기의 합은 180°입니다.

❷ 105°+ⓛ=180°,
ⓛ=180°−105°=75°

❸ 직선이 이루는 각의 크기는 180°이므로 ㉠+75°=180°입니다.

→ ㉠=180°−75°=105°　　　답 105°

채점 기준		
❶ 마름모에서 이웃한 두 각의 크기의 합을 구함.	1점	5점
❷ ⓛ의 크기를 구함.	2점	
❸ ㉠의 크기를 구함.	2점	

4-1(2) (각 ㄴㄱㄹ)=90°−30°=60°

(3) (각 ㄴㄷㄹ)=180°−50°=130°

(4) 사각형 ㄱㄴㄷㄹ의 네 각의 크기의 합은 360°입니다.

→ (각 ㄱㄴㄷ)=360°−60°−130°−90°=80°

답 (1)

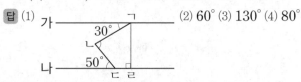

(2) 60° (3) 130° (4) 80°

4-2 모범 답안

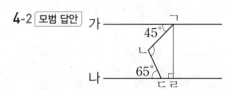

❶ 점 ㄱ에서 직선 나에 대한 수선을 긋고 직선 나와 만나는 점을 ㄹ로 표시합니다.

❷ (각 ㄴㄱㄹ)=90°−45°=45°

(각 ㄴㄷㄹ)=180°−65°=115°

❸ 사각형 ㄱㄴㄷㄹ의 네 각의 크기의 합은 360°입니다.

→ (각 ㄱㄴㄷ)=360°−45°−115°−90°=110°　답 110°

채점 기준		
❶ 점 ㄱ에서 직선 나에 대한 수선을 바르게 그음.	1점	5점
❷ 각 ㄴㄱㄹ과 각 ㄴㄷㄹ의 크기를 각각 구함.	2점	
❸ 각 ㄱㄴㄷ의 크기를 구함.	2점	

단원평가　　　124~126쪽

1 직선 라와 직선 나는 서로 수직이므로 직선 라에 대한 수선은 직선 나입니다.　　　답 직선 나

2 직선 다, 직선 라는 각각 직선 나에 수직이므로 직선 다와 직선 라는 평행합니다.
답 직선 라

3 평행한 변이 한 쌍이라도 있는 사각형을 모두 찾습니다. ➡ 가, 나, 다
답 가, 나, 다

4 마주 보는 두 쌍의 변이 서로 평행한 사각형을 모두 찾습니다. ➡ 가, 다
답 가, 다

5 평행사변형은 마주 보는 두 변의 길이가 같고 마주 보는 두 각의 크기가 같습니다.
답 7, 55

6 변 ㄴㄷ과 평행한 변은 변 ㄴㄷ과 마주 보는 변인 변 ㄱㄹ입니다.
답 변 ㄱㄹ

7 평행한 두 변은 변 ㄱㄴ과 변 ㄹㄷ입니다.
➡ 평행선 사이의 거리를 재려면 변 ㄱㄴ과 변 ㄹㄷ에 수직인 변 ㄴㄷ의 길이를 재어야 합니다.
답 변 ㄴㄷ

8 마주 보는 한 쌍의 변이 서로 평행하도록 옮깁니다.
답 예
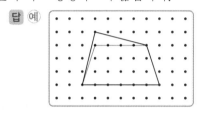

9 직사각형은 네 변의 길이가 모두 같지는 않지만 마주 보는 두 변의 길이가 같습니다.
답 (×)
(◯)

10 마름모는 네 변의 길이가 모두 같습니다.
➡ (한 변)=100÷4=25 (cm)
답 25 cm

11 평행한 변이 한 쌍이라도 있는 사각형을 그립니다.
답 예
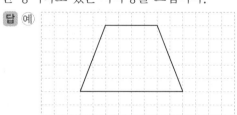

12 주어진 두 선분을 사용하여 평행선이 두 쌍인 사각형을 그립니다.
답

13 직선 가와 직선 나가 만나서 이루는 각은 90°입니다.
➡ ㉠=90°−40°=50°
답 50°

14 잘린 도형 중 마주 보는 두 쌍의 변이 서로 평행한 사각형은 나, 라, 마입니다. ➡ 3개
답 3개

15 정사각형은 사다리꼴, 평행사변형, 마름모, 직사각형이라고 할 수 있습니다.
답 ㉡, ㉢, ㉣, ㉤, ㉥

16 ① 마름모는 네 각이 모두 직각이 아닐 수도 있으므로 직사각형이 아닙니다.
② 평행사변형은 네 변의 길이가 모두 같지 않을 수도 있으므로 마름모가 아닙니다.
④ 사다리꼴은 마주 보는 한 쌍의 변만 서로 평행할 수 있으므로 평행사변형이 아닙니다.
⑤ 마름모는 네 각이 모두 직각이 아닐 수도 있으므로 정사각형이 아닙니다.
답 ③

17 평행사변형은 마주 보는 두 변의 길이가 같습니다.
(이웃한 두 변의 길이의 합)=72÷2=36 (cm)
변 ㄴㄷ의 길이를 □ cm라 하면
15+□=36, □=36−15=21입니다.
답 21 cm

18

①		②
③		④

• 사각형 1개짜리: ①, ②, ③, ④ → 4개
• 사각형 2개짜리: ①+②, ③+④, ①+③, ②+④ → 4개
• 사각형 4개짜리: ①+②+③+④ → 1개
➡ 4+4+1=9(개)
답 9개

19 모범 답안 ❶ (각 ㄱㄴㄷ)=180°−130°=50°
❷ 평행사변형은 마주 보는 두 각의 크기가 같습니다.
➡ (각 ㄱㄹㄷ)=(각 ㄱㄴㄷ)=50°
답 50°

채점 기준

❶ 각 ㄱㄴㄷ의 크기를 구함.	2점	5점
❷ 각 ㄱㄹㄷ의 크기를 구함.	3점	

20

모범 답안 ❶ 직선 라는 직선 가에 대한 수선이므로 직선 라는 직선 가와 직선 나에 각각 수직입니다.
❷ ㉡=180°−55°=125°
❸ ㉠=360°−125°−90°−90°=55°
답 55°

채점 기준

❶ 직선 라는 직선 가와 직선 나에 각각 수직임을 앎.	1점	
❷ ㉡의 크기를 구함.	2점	5점
❸ ㉠의 크기를 구함.	2점	

5 꺾은선그래프

개념의 힘 130~135쪽

개념 1 130~131쪽

개념 확인하기

1 가로 눈금에는 시간의 변화를, 세로 눈금에는 조사한 자료를 나타내는 것이 좋습니다.

답 시각, 방문자 수

2 답 오후 3시

개념 다지기

1 수량을 점으로 표시하고, 그 점들을 선분으로 이어 그린 그래프를 꺾은선그래프라고 합니다.

답 꺾은선그래프

2 꺾은선그래프의 가로 눈금에는 날짜, 세로 눈금에는 조사한 수인 키를 나타내었습니다.

답 날짜

3 답 양파의 키에 ◯표

4 답 8, 9

☑ 주의 선분이 가장 많이 기울어진 부분이 변화가 가장 심한 때입니다.

5 답 물결선

6 두 그래프의 세로 눈금 한 칸의 크기는 1 ℃로 같습니다.

답 1 ℃, 1 ℃

7 ㈎ 그래프는 세로 눈금이 0부터 시작하고, ㈏ 그래프에는 물결선이 있고 물결선 위로 세로 눈금이 10부터 시작합니다. 답 진훈

개념 2 132~133쪽

개념 확인하기

1 세로 눈금 한 칸의 크기는 1그루입니다.

답
심은 나무 수

2 답 ⑴ 0.2에 ◯표 ⑵ 30에 ◯표

개념 다지기

1 세로 눈금에는 조사한 자료인 기록을 나타냅니다.

답 기록

2 답 1초에 ◯표

3 ㉠에는 초를 표시하고 ㉡에는 횟수를 씁니다.

답 초, 횟수

4 가로와 세로 눈금에 각각 알맞은 수를 써넣고 가로 눈금과 세로 눈금이 만나는 자리에 점을 찍고 점들을 차례대로 선분으로 연결합니다.

답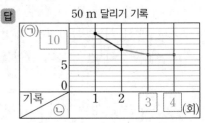
50 m 달리기 기록

5 22.6 ℃부터 23.5 ℃까지 변했으므로 22.6 ℃ 위로 물결선을 나타내면 안 됩니다. 답 주희

6 가로 눈금과 세로 눈금이 만나는 자리에 점을 찍고 점들을 차례로 선분으로 연결합니다.

답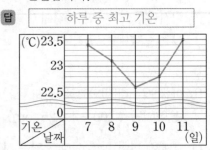
하루 중 최고 기온

7 선이 가장 많이 기울어진 때는 10일과 11일 사이입니다.

답 10일과 11일 사이

개념 3 134~135쪽

개념 확인하기

1 답 ㉠

2 ㉠ - ㉡ - ㉢ 답 ㉢

3 연도별 4학년 학생 수가 계속 감소하고 있으므로 2017년에는 2016년보다 더 줄어들 것입니다.

답 ㉡

개념 다지기

1 답 횟수

2 가장 큰 수는 12, 가장 작은 수는 4이므로 세로 눈금 한 칸의 크기는 1회로 나타낼 수 있습니다.

답 예 1회

3 답

4 금요일에 턱걸이를 12회로 가장 많이 했습니다.

답 금요일

5 답 예 길어지고 있습니다.

6 답 예 짧아지고 있습니다.

7 세로 눈금 10칸이 60분을 나타내므로 세로 눈금 한 칸은 6분을 나타냅니다.

답 예 9시간 18분

8 답 예 낮의 길이가 1칸, 2칸, 3칸으로 1칸씩 늘어나고 있습니다.

1 STEP **기본 유형의 힘** 136~141쪽

유형 1 답 꺾은선그래프

1 답 ●————●

●····●

2 세로 눈금 5칸이 5회를 나타내므로 세로 눈금 한 칸은 1회를 나타냅니다.

답 1회에 ○표

3 세로 눈금 한 칸의 크기는 1 ℃로 같습니다. 답 ㉡

4 답 (1) 막대, 선 (2) 길이, 많이에 ○표

유형 2 답 7월과 8월 사이

5 1일의 불량품이 24개로 가장 많습니다.

답 1에 ○표

6 그래프의 기울기의 변화가 없는 때를 찾습니다.

답 3, 4

7 오후 3시의 온도가 27 ℃로 가장 높습니다.

답 오후 3시, 27 ℃

8 그래프의 선이 가장 적게 기울어진 때를 찾습니다.

답 오후 4시와 오후 5시 사이

9 답 지희

10 필요 없는 부분은 물결선으로 그리고 물결선 위로 시작할 수를 가장 작은 값인 114로 정했습니다.

답 예 114 cm

11 6월: 114.3 cm, 7월: 115 cm
➡ 115－114.3＝0.7 (cm)

답 0.7 cm

12 7월: 115 cm, 9월: 115.4 cm이므로 중간값인 115.2 cm였을 것이라고 예상할 수 있습니다.

답 예 115.2 cm

유형 3 답 기록

13 답 예 1회

14 답 ② 큰에 ○표, ③ 점에 ○표, ④ 점에 ○표

15 답 팔굽혀펴기 횟수

16 가장 많은 횟수인 19회까지 나타낼 수 있어야 합니다.

답 19회

17 가로 눈금과 세로 눈금이 만나는 자리에 점을 찍고 점들을 차례대로 선분으로 연결합니다.

답

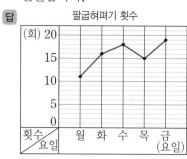

18 그래프가 오른쪽 아래로 기울어진 때를 찾습니다.

답 목요일

19 답 예 115 cm, 1 cm

20 가로 눈금과 세로 눈금이 만나는 자리에 점을 찍고 점을 차례대로 선분으로 연결합니다.

답 예
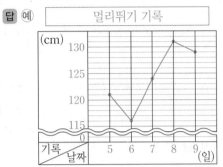

21 답 다영

유형**4** 조사 방법에는 관찰, 면접, 전화, 우편, 인터넷 조사 등이 있습니다. 답 ㉡

22 답
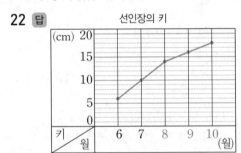

23 8월: 14 cm, 7월: 10 cm ➡ 14−10=4 (cm)
답 4 cm

24 답 예 역대 동계올림픽에 참가한 우리나라 선수 수

25 답
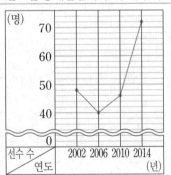

26 답 모범 답안 연도별 동계올림픽에 참가한 우리나라 선수 수가 점점 늘어나고 있습니다.

평가 기준

꺾은선그래프를 보고 알 수 있는 내용을 바르게 적었으면 정답입니다.

유형**5** 답
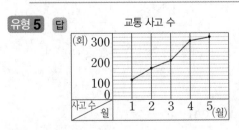

27 그래프의 선이 가장 많이 기울어진 때를 찾습니다.
답 3월과 4월 사이

28 1월부터 5월까지 교통 사고 수가 계속 늘어났으므로 졸음 운전으로 인한 교통 사고 수가 늘어나고 있다고 말할 수 있습니다.
답 예 점점 늘어나고 있다고 말할 수 있습니다.

29 세로 눈금 한 칸은 1회를 나타냅니다. 답 56회

30 점이 찍힌 위치를 보면 가장 높은 곳에 위치한 2009년이 가장 많습니다. 답 2009년

31 답 모범 답안 ① 2010년도 인구 수는 18만 명입니다.
② 0~14세 인구 수는 점점 줄어들고 있습니다.

평가 기준

그래프를 보고 알 수 있는 사실을 2가지 적었으면 정답입니다.

2 응용 유형의 힘 142~145쪽

1 587 kg부터 609 kg까지는 꼭 필요한 부분입니다.
답 (○)
( )

2 4.8 kg부터 5.4 kg까지는 꼭 필요한 부분입니다.
답 ( )
(○)

3 203 mm부터 210 mm까지는 꼭 필요한 부분입니다.
답 ㉢

4 ㉡ 6일에 고구마 싹의 길이는 9 cm입니다. 답 ㉡

5 ㉡ 2015년의 마을의 주민 수는 54명입니다. 답 ㉡

✔참고 세로 눈금 5칸이 10명을 나타내므로 세로 눈금 한 칸은 10÷5=2(명)을 나타냅니다.

6 세로 눈금 10칸이 50 kg을 나타내므로 세로 눈금 한 칸은 50÷10=5 (kg)을 나타냅니다.
답 370, 380, 335

7 세로 눈금 5칸이 1 cm를 나타내므로 세로 눈금 한 칸은 0.2 cm를 나타냅니다. 답 130.4, 130.6, 131.8

8 답
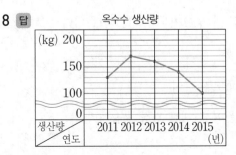

9 답
쿠키 판매량

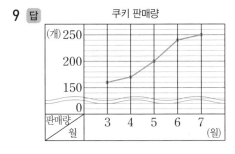

10 각 항목의 크기를 비교하기에는 막대그래프가 알맞습니다.
답
헌 종이 수거량

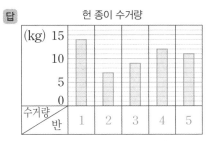

11 연속적으로 변화하는 모양을 알아보기에는 꺾은선그래프가 알맞습니다.
답
토마토 모종의 키

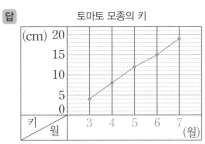

12 수요일과 금요일의 체온을 선으로 이어 목요일과 만나는 점을 읽어 봅니다.

지민이의 체온

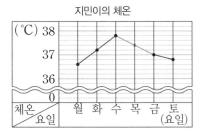

답 예 약 37.4 ℃

☑ **참고** 세로 눈금 5칸이 1 ℃이므로 세로 눈금 1칸은 0.2 ℃입니다.

13 식물의 키는 10일에 7 cm, 14일에 11 cm이므로 중간 값인 약 9 cm일 것으로 예상할 수 있습니다.

식물의 키

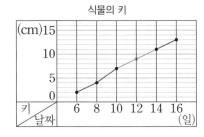

답 예 약 9 cm

14 배 생산량이 매월 줄어들고 있습니다.
4월에는 3월보다 $600-400=200$(상자) 줄어들었으므로 5월에는 약 $400-200=200$(상자)가 될 것이라고 예상할 수 있습니다.

답 예 약 200상자

15 배추 생산량이 매년 늘어나고 있습니다. 2015년에는 2014년보다 $450-400=50$ (kg) 늘어났으므로 2016년에는 약 $450+50=500$ (kg)이 될 것이라고 예상할 수 있습니다.

답 예 약 500 kg

16 세로 눈금 한 칸의 크기는 1 kg입니다.
두 사람의 몸무게의 차가 가장 큰 때: 10살
➡ (두 사람의 몸무게의 차)$=33-29=4$ (kg)

답 4 kg

17 판매량의 차가 가장 큰 때는 두 점 사이의 간격이 가장 넓은 9월입니다.
➡ (판매량의 차)$=640-590=50$(대)

답 50대

3 STEP 서술형의 힘 [146~147쪽]

1-1 답 (1) 2일과 3일 사이 (2) 2일과 3일 사이

1-2 모범 답안 ❶ 선분이 가장 많이 기울어진 때를 찾으면 낮 12시와 오후 1시 사이입니다.
❷ 따라서 온도 변화가 가장 큰 때는 낮 12시와 오후 1시 사이입니다.

답 낮 12시와 오후 1시 사이

채점 기준

❶ 선분의 기울기가 가장 심한 때를 찾음.	2점	5점
❷ 온도 변화가 가장 큰 때를 구함.	3점	

2-1 (1) (수요일에 운동한 시간)$=30\times2=60$(분)
답 (1) 60분 (2)
지선이의 운동 시간

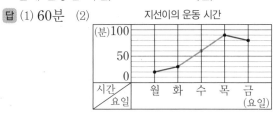

2-2 모범 답안 ❶ (금요일의 줄넘기 횟수)=40회
(수요일의 줄넘기 횟수)=40×2=80(회)
❷ 수요일의 줄넘기 횟수를 꺾은선그래프에 나타내어 그래프를 완성합니다.

답

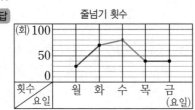

줄넘기 횟수

채점 기준		
❶ 금요일과 수요일의 줄넘기 횟수를 구함.	3점	5점
❷ 수요일의 줄넘기 횟수를 꺾은선그래프에 나타냄.	2점	

3-1 (1) 세로 눈금 한 칸이 5건을 나타내므로 40건입니다.
(2) (6월의 문자 메시지 사용 요금)=20×40=800(원)
답 (1) 40건 (2) 800원

3-2 모범 답안 ❶ 세로 눈금 한 칸이 5권을 나타내므로 3월에 판 공책은 30권입니다.
❷ (3월에 공책을 판 돈)=500×30=15000(원)
답 15000원

채점 기준		
❶ 3월에 판 공책 수를 구함.	2점	5점
❷ 3월에 판 공책 값을 구함.	3점	

4-1 (1) 세로 눈금 한 칸의 크기는 10÷5=2(초)이고, 수요일과 목요일의 세로 눈금은 5칸 차이가 납니다.
(수요일과 목요일의 오래 매달리기 기록의 차)
=2×5=10(초)
(2) 세로 눈금 한 칸의 크기를 5초로 하여 다시 그린다면 수요일과 목요일의 세로 눈금은 10÷5=2(칸) 차이가 납니다.
답 (1) 10초 (2) 2칸

4-2 모범 답안 ❶ 세로 눈금 한 칸의 크기는 10 mm이고 6월과 7월의 세로 눈금은 6칸 차이가 납니다.
❷ (6월과 7월의 강수량의 차)=10×6=60 (mm)
❸ 세로 눈금 한 칸의 크기를 20 mm로 하여 다시 그린다면 6월과 7월의 세로 눈금은 60÷20=3(칸) 차이가 납니다.
답 3칸

채점 기준		
❶ 6월과 7월의 세로 눈금 수의 차를 구함.	2점	5점
❷ 6월과 7월의 강수량의 차를 구함.	1점	
❸ 다시 그릴 때 6월과 7월의 세로 눈금 수의 차를 구함.	2점	

단원평가 148~150쪽

1 답 꺾은선그래프

2 꺾은선은 연못의 수온 변화를 나타냅니다.
답 (○) ( )

3 세로 눈금 5칸의 크기가 5 ℃이므로 세로 눈금 한 칸의 크기는 1 ℃입니다.
답 1 ℃

4 오후 1시의 세로 눈금을 읽으면 10 ℃입니다.
답 10 ℃

5 점이 가장 낮게 찍힌 때는 오전 10시입니다.
답 오전 10시

6 답 ㉠, ㉡, ㉣

7 조사한 내용을 가로, 세로 눈금에서 각각 찾아 만나는 자리에 점을 찍고 차례대로 선분으로 연결합니다.

답

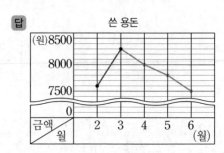

쓴 용돈

8 그래프는 0원부터 7400원까지를 물결선으로 나타냈습니다.
답 (○)
( )

9 용돈을 가장 많이 쓴 달은 3월이고 3월에는 8300원을 썼습니다.
답 8300원

10 아기 몸무게의 변화를 한눈에 알아보기 쉬운 그래프는 꺾은선그래프입니다.
답 (○) ( )

11 답 예 늘었습니다.

12 12월: 30.7 kg, 11월: 30.3 kg
→ 30.7-30.3=0.4 (kg)
답 0.4 kg

13 9월과 10월 몸무게의 중간값은 29.8 kg이므로 9월 16일에 정우의 몸무게는 약 29.8 kg입니다.

답 예 약 29.8 kg

14 4일의 이용자 수: 420명, 5일의 이용자 수: 426명

➡ $420+426=846$(명)　　답 (　　)

　　　　　　　　　　　　　　　　(○)

15 답

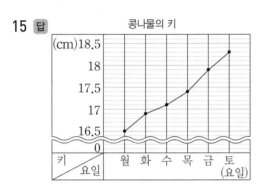

콩나물의 키

16 세로 눈금 5칸이 20개를 나타내므로 세로 눈금 한 칸은 4개를 나타냅니다.

답

인형 판매량

월	7	8	9	10
판매량(개)	24	40	56	64

17 ㉡ 승객 수의 변화가 가장 큰 때는 15일과 22일 사이입니다.　　답 ㉡

18 가장 많이 늘어난 때: 22일
22일: 680명, 15일: 600명
➡ $680-600=80$(명)　　답 80명

☑ 참고 승객 수가 가장 많이 늘어난 때는 그래프의 선이 가장 많이 기울어진 때입니다.

19 모범 답안 ❶ 5월: 120명, 6월: 140명, 7월: 180명
❷ (4월의 신생아 수)
$=500-120-140-180=60$(명)

답 60명

채점 기준

❶ 5월, 6월, 7월의 신생아 수를 각각 구함.	3점	5점
❷ 4월의 신생아 수를 구함.	2점	

20 모범 답안 ❶ 방문자 수가 가장 많은 때: 360명
❷ 방문자 수가 가장 적은 때: 310명
❸ ➡ $360-310=50$(명)

답 50명

채점 기준

❶ 방문자의 수가 가장 많은 때를 구함.	2점	5점
❷ 방문자의 수가 가장 적은 때를 구함.	2점	
❸ 위 ❶과 ❷의 차를 구함.	1점	

---

6 다각형

개념의 힘
 154~159쪽

개념 1
154~155쪽

개념 확인하기

1 맨 왼쪽 도형: 선분만 있지만 둘러싸이지 않았습니다.
가운데 도형: 곡선이 있습니다.

답 (　　)(　　)(○)

2 변이 6개인 다각형이므로 육각형입니다.

답 (1) 6개 (2) 육각형

3 변의 길이가 모두 같고 각의 크기가 모두 같은 도형을 모두 찾으면 가, 라, 마입니다.

답 가, 라, 마

4 정다각형 중 변이 6개인 도형을 찾으면 마입니다.

답 마

개념 다지기

1 ③ 곡선이 있습니다.
④ 선분만 있지만 둘러싸이지 않았습니다.　　답 ③, ④

2 답

3 5개 변의 길이가 모두 같고 각의 크기가 모두 같은 다각형을 찾습니다.　　답 (　　)(○)

　　　　　　　　　　　　　　　　(　　)(○)

4 (1) 변이 3개인 정다각형이므로 정삼각형입니다.
(2) 변이 6개인 정다각형이므로 정육각형입니다.

답 (1) 정삼각형 (2) 정육각형

5 ㉠ 7개 ㉡ 8개 ➡ ㉠<㉡　　답 ㉡

☑ 참고 칠각형: 변과 각이 각각 7개
팔각형: 변과 각이 각각 8개

6 다각형의 이름은 변의 수에 따라 결정됩니다.
변이 9개인 다각형은 구각형입니다.　　답 구각형

개념 2
156~157쪽

개념 확인하기

1 색종이의 이웃하지 않는 두 꼭짓점을 기준으로 접었을 때 생긴 선분 ㄱㄷ을 대각선이라고 합니다.　　답 대각선

2 이웃하지 않는 두 꼭짓점끼리 모두 선분으로 잇습니다. 답

3 답 2개

4 두 대각선이 서로 수직으로 만나는 사각형은 마름모, 정사각형입니다. 답 나, 다

5 두 대각선의 길이가 같은 사각형은 직사각형, 정사각형입니다. 답 가, 다

개념 다지기

1 이웃하지 않는 두 꼭짓점을 이은 것을 찾습니다.
답 ( ) (○)

2 삼각형은 서로 이웃하지 않는 꼭짓점이 없으므로 대각선을 그을 수 없습니다. 답 ( ) (△) ( )

3 사각형의 한 꼭짓점은 이웃하지 않는 꼭짓점이 1개 있습니다. 답 1개

4 두 대각선의 길이가 같은 사각형: 정사각형, 직사각형
답 (○) ( ) (○)

5 ㉠ 마름모의 대각선은 한 대각선이 다른 대각선을 똑같이 둘로 나눕니다. 답 ㉠

☑참고 마름모와 정사각형의 대각선의 공통점
→ • 두 대각선이 수직으로 만납니다.
 • 한 대각선이 다른 대각선을 똑같이 둘로 나눕니다.
마름모와 정사각형의 대각선의 다른 점
→ • 정사각형의 두 대각선은 길이가 같습니다.
 • 마름모의 두 대각선은 길이가 항상 같다고 할 수 없습니다.

6 답 / 5개

☑참고 오각형의 대각선을 모두 그으면 별 모양이 됩니다.

7 → 9개
답 9개

개념 3
158~159쪽

개념 확인하기

1 답 ( )
(○)
(○)

2 답   **3** 답

4 와 같은 방법도 있습니다.
답 예

5 , 등의 방법도 있습니다.
답 예

개념 다지기

1 답 정삼각형에 △표

2 사다리꼴 모양 조각이 4개 필요합니다. 답 4개

3 변끼리 맞닿게 이어 붙여서 사다리꼴을 만들어 봅니다.
답 예

4 1가지 모양 조각으로 평행사변형의 빈칸을 채웁니다.
답

5 답 예

☑다른 풀이 주어진 두 모양 조각 중 1가지 또는 2가지를 사용하여 정삼각형을 만들어 봅니다.
 등의 방법도 있습니다.

6 → 6개
답 6개

STEP 1 기본 유형의
160~165쪽

유형 1 답 ( ) (○) ( )

1 답 라, 마 / 나 / 다

2 위 **1**의 표에서 변이 6개인 도형이 육각형입니다.
답 다

3 다각형이 아닌 도형: 가, 다
가: 곡선이 있으므로 다각형이 아닙니다.
다: 선분으로만 이루어졌지만 둘러싸이지 않았습니다.
답 다

4 • 오각형: 변이 5개인 다각형을 그립니다.
  • 칠각형: 변이 7개인 다각형을 그립니다.

답 예 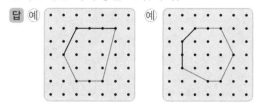 예

5 각이 8개인 다각형은 변도 8개입니다.
변이 8개인 다각형은 팔각형입니다. 답 팔각형

유형 **2** 답 (◯) (   ) (◯) (   )

6 변이 8개인 정다각형 ➜ 정팔각형 답 정팔각형

7 답  / 정삼각형, 정육각형

8 도형은 네 변의 길이가 모두 같습니다. ➜ ㉠ (×)
도형은 네 각의 크기가 모두 같지 않으므로 정다각형이
아닙니다. ➜ ㉡ (◯) 답 ㉡

9 4개 변의 길이와 각의 크기가 모두 같게 그립니다.

답 예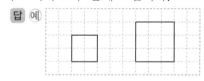

10 정다각형은 변의 길이가 모두 같고 각의 크기가 모두
같습니다. 답 108, 7

11 변이 7개인 정다각형이므로 정칠각형입니다.
답 정칠각형

12 5개의 변의 길이가 모두 12 m이므로 울타리는 모두
12×5=60 (m)입니다. 답 60 m

13 정육각형에는 각이 6개 있고 그 크기는 모두 같습니다.
➜ (정육각형의 모든 각의 크기의 합)
   =120°×6=720° 답 720°

유형 **3** ①, ②, ③, ⑤는 이웃하지 않는 두 꼭짓점을 이은
선분이 아니므로 대각선이 아닙니다. 답 ④

14 이웃하지 않는 두 꼭짓점을 이은 선분을 모두 찾습니다.
답 선분 ㄱㅁ, 선분 ㄹㅅ

15 육각형의 한 꼭짓점은 이웃하지 않는 꼭짓점이 3개 있
습니다. 답 3개

16 마름모와 정사각형의 두 대각선은 서로 수직입니다.
답 나, 라

17 두 대각선의 길이가 같은 사각형: 가, 라
두 대각선이 서로 수직인 사각형: 나, 라
➜ 두 대각선의 길이가 같고 서로 수직인 사각형: 라
답 라

18 대각선의 수는 삼각형 0개, 오각형 5개, 사각형 2개입
니다. 답 나, 다, 가

✓참고

도형	삼각형	사각형	오각형	육각형
대각선 수(개)	0	2	5	9

꼭짓점의 수가 많은 다각형일수록 더 많은 대각선을
그을 수 있습니다.

19 평행사변형의 두 대각선은 한 대각선이 다른 대각선을
똑같이 둘로 나눕니다.
➜ (선분 ㅁㄹ)=(선분 ㄴㅁ)=8 cm,
   (선분 ㄷㅁ)=(선분 ㄱㅁ)=6 cm
답 (위에서부터) 8, 6

20 (선분 ㄴㄹ)=(선분 ㄱㄷ)=22 cm
답 22 cm

21 선분으로만 둘러싸인 도형: 다각형
변이 5개인 다각형이므로 오각형입니다.
➜ 오각형에 그을 수 있는 대각선은 5개입니다. 답 5개

유형 **4** 답 오각형에 △표

22 답 5개

23 답

24 정삼각형 모양 조각 2개를 사용하여 마름모를 만들 수
있습니다. 답 예

25 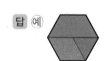 등 여러 가지 방법으로 만들 수 있습니다.

답 예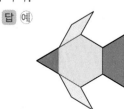

26 지느러미 부분에 마름모 모양 조각을 놓고 몸통과 꼬리
는 여러 가지 방법으로 만들어 봅니다.

답 예

유형5 답 사각형 (또는 평행사변형, 마름모)

27 삼각형과 사각형으로 모양을 채웠습니다.

답 ( ) ( ) (△)

28 답 (○)
( )

29 답 예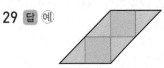

30 답 예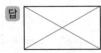

31 답 예

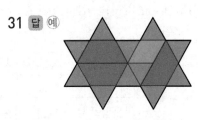

2 응용 유형의 힘

166~169쪽

1 서로 이웃하지 않는 꼭짓점을 모두 이어 봅니다.

답

☑참고 사각형은 한 꼭짓점에서 대각선을 1개씩 그을 수 있습니다.

2 오각형은 한 꼭짓점에서 대각선을 2개씩 그을 수 있습니다.

답

3 육각형은 한 꼭짓점에서 대각선을 3개씩 그을 수 있습니다.

답

4 정사각형의 변은 모두 8 cm씩 4개 있습니다.
➡ $8 \times 4 = 32$ (cm)   답 32 cm

5 정오각형의 변은 모두 7 cm씩 5개 있습니다.
➡ $7 \times 5 = 35$ (cm)   답 35 cm

6 정육각형의 변은 모두 9 cm씩 6개 있습니다.
➡ $9 \times 6 = 54$ (cm)   답 54 cm

7 4개의 변의 길이가 모두 같은 사각형을 그립니다.

답 예

8 6개의 변의 길이가 모두 같은 육각형을 그립니다.

답 예

9 정삼각형의 한 각의 크기는 60°이므로 한 각의 크기가 90°인 직사각형은 그릴 수 없습니다.   답 ㄹ

10 정오각형은 5개의 변의 길이가 모두 같으므로 한 변의 길이는 $70 \div 5 = 14$ (cm)입니다.   답 14 cm

11 정육각형은 6개의 변의 길이가 모두 같으므로 한 변의 길이는 $72 \div 6 = 12$ (cm)입니다.   답 12 cm

12 주어진 도형은 정칠각형입니다. 정칠각형은 7개의 변의 길이가 모두 같으므로 한 변의 길이는
$91 \div 7 = 13$ (cm)입니다.   답 13 cm

13 칠각형의 꼭짓점 수: 7개
한 꼭짓점에서 그을 수 있는 대각선 수: $7 - 3 = 4$(개)
➡ (칠각형의 대각선 수)=$4 \times 7 \div 2 = 14$(개)

답 14개

14 팔각형의 꼭짓점 수: 8개
한 꼭짓점에서 그을 수 있는 대각선 수: $8 - 3 = 5$(개)
➡ (팔각형의 대각선 수)=$5 \times 8 \div 2 = 20$(개)

답 20개

15 십각형의 꼭짓점 수: 10개
십각형의 한 꼭짓점에서 그을 수 있는 대각선 수:
$10 - 3 = 7$(개)
➡ (십각형의 대각선 수)=$7 \times 10 \div 2 = 35$(개)

답 35개

16 구각형: $6 \times 9 \div 2 = 27$(개)
십일각형: $8 \times 11 \div 2 = 44$(개)
➡ (대각선 수의 차)=$44 - 27 = 17$(개)   답 17개

17 답 예   18 답 예

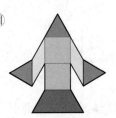

19 답 예

20

→ 위와 같이 직각삼각형, 정사각형은 만들 수 있으나 주어진 정삼각형은 만들 수 없습니다.

답 ( ) ( ) (×)

21

→ 위와 같이 평행사변형, 정육각형은 만들 수 있으나 주어진 직사각형은 만들 수 없습니다.

답 ( ) (×) ( )

22 직사각형의 한 각이 90°이므로
(각 ㅁㄷㄹ)=90°−30°=60°입니다.
두 대각선의 길이가 같고 한 대각선이 다른 대각선을 똑같이 둘로 나누므로 삼각형 ㄹㅁㄷ에서
(선분 ㄹㅁ)=(선분 ㅁㄷ)입니다. 즉 삼각형 ㄹㅁㄷ은 이등변삼각형입니다.
→ (각 ㅁㄹㄷ)=(각 ㅁㄷㄹ)=60°

답 60°

23 (각 ㅁㄷㄴ)=90°−65°=25°
두 대각선의 길이가 같고 한 대각선이 다른 대각선을 똑같이 둘로 나누므로 삼각형 ㅁㄴㄷ은 변 ㄴㅁ과 변 ㄷㅁ의 길이가 같은 이등변삼각형입니다.
→ (각 ㅁㄴㄷ)=(각 ㅁㄷㄴ)=25°

답 25°

③ 서술형의 힘 170~171쪽

1-1 답 (1) 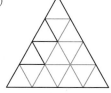 (2) 16개

1-2 [모범 답안] ❶ 선을 그어 ◢ 모양 조각으로 나누어 보면

 와 같습니다.

❷ ◢ 모양 조각은 10개 필요합니다. 답 10개

채점 기준		
❶ 주어진 모양 조각으로 바르게 나눔.	3점	5점
❷ 필요한 모양 조각의 개수를 구함.	2점	

2-1 [모범 답안] 같지만, 같지 않기 때문입니다.

2-2 [모범 답안] ❶ 변의 길이가 모두 같지 않고 ❷ 각의 크기가 모두 같지 않기 때문입니다.

채점 기준		
❶ 변의 길이가 모두 같지 않음을 씀.	3점	5점
❷ 각의 크기가 모두 같지 않음을 씀.	2점	

3-1 (1) (선분 ㄱㅁ)=20÷2=10 (cm)
(2) (선분 ㄴㄹ)=(선분 ㄱㄷ)=20 cm,
(선분 ㄴㅁ)=20÷2=10 (cm)
(3) (삼각형 ㄱㄴㅁ의 세 변의 길이의 합)
=12+10+10=32 (cm)

답 (1) 10 cm (2) 10 cm (3) 32 cm

3-2 [모범 답안] ❶ (선분 ㄱㅁ)=10÷2=5 (cm)
❷ (선분 ㄴㄹ)=(선분 ㄱㄷ)=10 cm,
(선분 ㄴㅁ)=10÷2=5 (cm)
❸ (삼각형 ㄱㄴㅁ의 세 변의 길이의 합)
=8+5+5=18 (cm)

답 18 cm

채점 기준		
❶ 선분 ㄱㅁ의 길이를 구함.	2점	5점
❷ 선분 ㄴㅁ의 길이를 구함.	2점	
❸ 삼각형 ㄱㄴㅁ의 세 변의 길이의 합을 구함.	1점	

4-1 (2) 180°×3=540°
(3) 정오각형에는 크기가 같은 각이 5개 있습니다.
→ ㉠=540°÷5=108°

답 (1) 예 (2) 540° (3) 108°

4-2 [모범 답안] ❶ 정팔각형은 삼각형 6개로 나눌 수 있습니다.
❷ (정팔각형의 모든 각의 크기의 합)=180°×6
=1080°
❸ 정팔각형에는 크기가 같은 각이 8개 있습니다.
→ ㉠=1080°÷8=135°

답 135°

채점 기준		
❶ 정팔각형을 삼각형 또는 사각형으로 나눌 수 있음을 설명함.	1점	5점
❷ 정팔각형의 모든 각의 크기의 합을 구함.	2점	
❸ ㉠의 크기를 구함.	2점	

6 단원

다각형

1 다각형이 아닌 도형

➡ 나: 선분만 있지만 둘러싸이지 않았습니다.

다: 곡선이 있습니다.   답 가, 라

2 변의 길이가 모두 같고 각의 크기가 모두 같은 다각형은 라입니다.   답 라

3 라 도형은 변이 5개인 정다각형이므로 정오각형입니다.   답 정오각형

4 사각형에는 대각선을 2개 그을 수 있습니다.

답

5 변이 6개인 다각형을 그립니다.   답 예

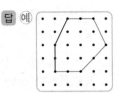

✔주의 • 곧은 선으로 이어야 합니다.

• 6개의 선분이 빈틈없이 이어져야 합니다.

6 답 예 삼각형, 사각형

✔다른 풀이 사각형은 사다리꼴, 평행사변형이라고 답해도 됩니다.

7 정다각형은 변의 길이가 모두 같고 각의 크기가 모두 같습니다.   답 135, 3

8

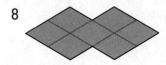

답 7개

9 두 대각선을 각각 그어 봅니다. 두 대각선의 길이가 같은 사각형은 가, 바입니다.   답 가, 바

10 두 대각선이 서로 수직으로 만나는 사각형은 가, 마입니다.   답 가, 마

11 변이 6개이므로 육각형입니다. 한 꼭짓점에서 대각선을 3개씩 그을 수 있으므로 대각선을 모두 그으면 9개입니다.   답 9개

✔다른 풀이 한 꼭짓점에서 대각선을 6-3=3(개) 그을 수 있으므로 대각선은 모두 3×6÷2=9(개)입니다.

12 정팔각형에는 8개의 변이 있고 길이가 모두 같습니다.

➡ 9×8=72 (cm)   답 72 cm

13 답

14 답 예

15 꼭짓점이 많을수록 이웃하지 않는 꼭짓점이 더 많아집니다. 따라서 꼭짓점이 많을수록 대각선의 수가 더 많습니다.   답 다

16 정사각형의 두 대각선은 길이가 같고 한 대각선이 다른 대각선을 똑같이 둘로 나누므로

(선분 ㄱㅁ)=(선분 ㄷㅁ)=26÷2=13 (cm)입니다.

답 13 cm

17 여러 가지 방법으로 만들 수 있습니다.

답 예

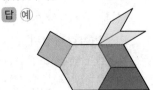

18 삼각형 4개로 나눌 수 있으므로 6개 각의 크기의 합은 180°×4=720°입니다.

정육각형은 각의 크기가 모두 같으므로 한 각의 크기는 720°÷6=120°입니다.

답 120°

19 모범 답안 ❶ 정오각형은 5개의 변의 길이가 모두 같습니다.

❷ 따라서 한 변의 길이는 65÷5=13 (cm)입니다.

답 13 cm

채점 기준		
❶ 정오각형의 변의 길이가 모두 같음을 설명함.	2점	5점
❷ 한 변의 길이를 구함.	3점	

20 모범 답안 ❶ (각 ㄷㄴㅁ)=90°-53°=37°

❷ (선분 ㄴㅁ)=(선분 ㄷㅁ)이므로 삼각형 ㄴㄷㅁ은 이등변삼각형입니다. ➡ (각 ㄴㄷㅁ)=(각 ㄷㄴㅁ)=37°

❸ 따라서 (각 ㄴㅁㄷ)=180°-37°-37°=106°입니다.   답 106°

채점 기준		
❶ 각 ㄷㄴㅁ의 크기를 구함.	2점	
❷ 각 ㄴㄷㅁ의 크기를 구함.	2점	5점
❸ 각 ㄴㅁㄷ의 크기를 구함.	1점	

초등 수학 라인업

최상

심화

수학의 힘[감마]

수학리더[최상위]

수학의 힘[베타]

수학리더
[응용+심화]

유형

수학도
독해가 힘이다

초등 문해력
독해가 힘이다
[문장제 수학편]

수학리더
[기본+응용]

수학리더[유형]

수학의 힘[알파]

개념

수학리더[개념]

수학리더[기본]

**기초
연산**

계산박사

수학리더[연산]

최하

New 해법 수학

학기별 1~3호   방학 개념 학습

GO! 매쓰 시리즈

Start/Run A–C/Jump

평가 대비 특화 교재

단원 평가   HME 수학   예비 중학
마스터   학력평가   신입생 수학

정답은
이안에
있어!

◀

시험 대비교재

- 올백 전과목 단원평가   1~6학년/학기별
  (1학기는 2~6학년)

- HME 수학 학력평가   1~6학년/상·하반기용

- HME 국어 학력평가   1~6학년

논술·한자교재

- YES 논술   1~6학년/총 24권

- 천재 NEW 한자능력검정시험 자격증 한번에 따기   8~5급(총 7권) / 4급~3급(총 2권)

영어교재

- READ ME
  - Yellow 1~3   2~4학년(총 3권)
  - Red 1~3   4~6학년(총 3권)

- Listening Pop   Level 1~3

- Grammar, ZAP!
  - 입문   1, 2단계
  - 기본   1~4단계
  - 심화   1~4단계

- Grammar Tab   총 2권

- Let's Go to the English World!
  - Conversation   1~5단계, 단계별 3권
  - Phonics   총 4권

예비중 대비교재

- 천재 신입생 시리즈   수학 / 영어

- 천재 반편성 배치고사 기출 & 모의고사

빈틈없는
수준별 학습으로
빠져나갈 구멍 없이
완전봉쇄!

사고력

서술형

독해력

이제 긴 문제도
어렵지 않아요!

기본기와 서술형을 한 번에, 확실하게
수학 자신감은 덤으로!

수학리더 시리즈 (초1~6 / 학기용)

[연산]
(*예비초~초6/총14단계)

[개념]

[기본]

[유형]

[기본+응용]

[응용·심화]

[최상위]
(*초3~6)